宁夏农业气候区划

张晓煜　李红英　陈仁伟　王　静　等 编著

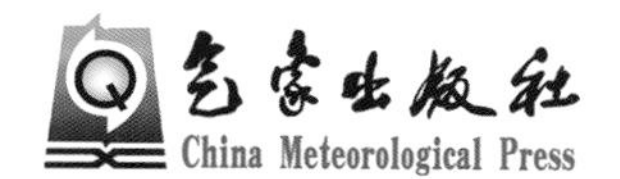

内容简介

本书系统地分析1981—2020年宁夏气候资源时空分布特征，基于GIS推算了光照资源、热量资源、水分资源、风能资源和其他农业气候资源的空间分布。计算了不同气候资源80%、90%保证率，生长季、无霜期、积温开始和结束日期，分析了农业气候资源近40年变化趋势。对小麦干热风、冬小麦越冬冻害、玉米霜冻、水稻低温冷害、稻瘟病、马铃薯热害、马铃薯晚疫病、枸杞灾害、枸杞炭疽病、枸杞霜冻、酿酒葡萄越冬冻害、酿酒葡萄晚霜冻、酿酒葡萄连阴雨、酿酒葡萄大风、酿酒葡萄冰雹、苹果越冬冻害、苹果晚霜冻以及设施农业等宁夏主要农业气象灾害进行风险区划。对宁夏主要作物小麦、玉米、水稻、马铃薯、谷子、荞麦，以及区域农业优势特色产业酿酒葡萄、枸杞、红枣、苹果、桃、红梅杏、苜蓿、冷凉蔬菜进行农业气候区划，分区评述了农业气候适宜性及生产建议。结合灾害风险和自然地理因子，对酿酒葡萄、冷凉蔬菜和红梅杏进行种植区划。

本书在以往研究的基础上，发现了宁夏农业气候资源新的特点和规律，将灾害风险和气候保证率融入农业气候区划，提升了宁夏农业气候区划的科技内涵，增强了区划结果的实用性，可为宁夏农业（林业）发展规划、产业布局、种植制度、防灾减灾、气候变化适应提供科学依据，可供农业、林业、气象领域从事相关科研、教学、生产的科技人员参考。

图书在版编目（CIP）数据

宁夏农业气候区划 / 张晓煜等编著. -- 北京 : 气象出版社, 2022.2
ISBN 978-7-5029-7654-5

Ⅰ. ①宁… Ⅱ. ①张… Ⅲ. ①农业区划－气候区划－宁夏 Ⅳ. ①S162.224.3

中国版本图书馆CIP数据核字(2022)第013394号
审图号：宁S[2016]第10号

宁夏农业气候区划
张晓煜　李红英　陈仁伟　王　静　等 编著

出版发行：气象出版社
地　　址：北京市海淀区中关村南大街46号　　**邮政编码**：100081
电　　话：010-68407112（总编室）　010-68408042（发行部）
网　　址：http://www.qxcbs.com　　**E-mail**：qxcbs@cma.gov.cn
责任编辑：王元庆　　**终　　审**：吴晓鹏
责任校对：张硕杰　　**责任技编**：赵相宁
封面设计：艺点设计
印　　刷：北京地大彩印有限公司
开　　本：710 mm×1000 mm　1/16　　**印　　张**：8
字　　数：171千字
版　　次：2022年2月第1版　　**印　　次**：2022年2月第1次印刷
定　　价：88.00元

宁夏农业气候区划

编委会

主　编：张晓煜

副主编：李红英　陈仁伟　王　静

编　委：卫建国　张　磊　马　宁　杨　豫
冯　蕊　李芳红　吴天皓　杨永娥
李梦华　张亚红　姜琳琳　尚　艳
杨　洋　李　娜　杜宏娟　丁永平
苏雨弦　马梦瑶　孙艳敏　梁小娟
杨　婧　张泽瑾　朱君凤　高莹云
刘　垚　李福生　郭晓雷　赵兔祥
王云霞　徐　青

序

气候与农业生产息息相关，决定了作物类型、作物品种、作物布局、产量高低、品质优劣，还决定着一个地域的农业发展方向、发展潜力，影响着农业生产方式、栽培模式和生产成本等。我国农业文明源远流长，早在西汉时期，氾胜之就在其农书《氾胜之书》中有利用天时、地利发展农业的记录："得时之和，适地之宜，田虽薄恶，收可亩十石"。北魏时期，著名农学家贾思勰在《齐民要术·种谷》中有"地势有良薄，山、泽有异宜。顺天时，量地力，则用力少而成功多。任情反道，劳而无获"的阐述。一方面强调了顺应天时因地制宜发展农业的农学思想。另一方面也告诫我们不可违背自然规律，要尊重自然，不要恣意妄为。研究气候与农业生产的关系，不断调整和优化农业结构、种植制度、作物种类和品种，最大限度地开发利用农业气候资源，是保障现代农业高产、稳产、优质、高效、可持续发展的必由之路。

农业气候资源是农业生产的基本条件，光、热、水、风的强度及其累积量在时空上的配置，具有地域性和循环性、稳定性和变化性、整体性和特殊性等特点。随着作物品种的改良、生产条件的改善、农业技术的进步，农业气候资源的利用方式将发生重大变化。目前，我国农业气候资源利用效率普遍偏低，宁夏农业气候资源利用率低于全国平均水平，主要原因：一是农业气候要素时空配置不平衡，宁夏光照充沛，热量趋紧，降水不足，限制了农业气候资源利用效率。二是宁夏灾害发生频率高、影响面广、损失严重，打破了优质气候资源的整体性和连续性。干旱、霜冻、低温冷害、越冬冻害、大风等成为部分农业产业发展的限制性因子和障碍性因子。三是种植制度不尽合理。目前宁夏山川多以一熟制的小麦、水稻、玉米、马铃薯、小杂粮为主，复种、套种指数低，两熟制方兴未艾；四是作物布局不够合理，作物种类、作物品种的选择有待优化，早、中、晚熟品种同地(园)的现象还比较普遍。五是其他农业资源因子限制，如土地退化、土壤沙化、盐渍化、地下水位过高等不利因子限制了农业气候资源利用。六是宁夏的生产方式还比较传统，农业智慧化水平低，精准播种、灌溉、施肥、喷药、收获、贮藏等现代农业技术普及率不高，影响了农业气候资源利用效率。

农业气候区划是农业结构调整的重要依据和前提，农业结构调整是提高农民收入，保障粮食安全，促进乡村振兴的重大战略性、全局性问题。因此，有必要大力开展农业气候区划，解析宁夏农业气候资源的时空特征和配置特点，有的放矢地开展农业气候区划，确定宁夏不同种类作物的适宜种植区，结合土壤和灌溉条件，配置以相适应的品种和栽培措施，最大限度地挖掘开发利用气候资源，提高单位面积农业产量、经济效益和水分利用效率，降低农业投入成本，对有效规避自然灾害，适应气候变化，保障粮食安全，提高区域特色农业竞争力，提升品牌价值，提高宁夏农业现代化水平具有重要的现实意义，对宁夏未来农业产业格局的形成将产生深远影响。

宁夏气象科学研究所张晓煜正高级工程师带领的“气候资源开发利用与气象减灾”自治区创新团队，系统地分析了1981—2020年气象资料，开展了宁夏农业气候资源区划、宁夏农业气象灾害风险区划，在此基础上，开展了农业气候区划和农业种植区划。与过去的农业气候区划相比，有了难能可贵的变化与进步。一是数据资料更加翔实。不仅分析了40年年平均（生长季）光照、热量、水分、风等农业气候资源，还分析了不同保证率（80%和90%）下农业气候资源的数量、强度及分布，在附表中还列出农业气候资源各要素多年变化趋势、年际变异值、极大值和最大值等，有助于应用者根据气候变化趋势预判农业气候资源的趋势，主动适应气候变化；同时通过调整管理方式最大限度地利用不同气候年型的气候资源以获得最大产量和经济效益。二是区划结果更加精细，采用1∶50000高精度地理信息作为支撑，将地形复杂区的农业气候资源、作物的适宜气候区区划出来，有利于充分利用局地小气候发展特色农业经济。三是区划结果更加实用。区划不仅考虑了作物生存、生长发育的气象条件，还考虑了农业气象灾害风险，通过合理布局规避农业气象灾害损失，不失为一种科学、长远的防灾减灾方式。四是区划结果丰富，不仅开展了常规作物小麦、水稻、玉米、马铃薯等区划，还开展了具有发展前景的小杂粮荞麦、谷子气候区划；开展了宁夏农业特色产业枸杞、葡萄、苹果、桃、红梅杏等的气候区划，开展了宁夏有独特气候优势的冷凉蔬菜、苜蓿气候区划。还尝试性地综合气候区划、灾害风险区划和自然地理条件，开展了酿酒葡萄、红梅杏和冷凉蔬菜的种植区划，取得了一系列创新性区划成果，具有潜在的应用价值和广阔的应用前景，必将对宁夏农业产业结构性调整发挥重要的推动和科技支撑作用。

我长期关注宁夏农业发展与气候变化，看到事关农业与气候全局性发展的科技成果倍感欣慰。在书稿即将付印之际，谨向作者们取得的成绩表示祝贺！对团队付出巨大的辛劳表示感谢。希望团队再接再厉，不断深化研究成果，在应用中不断检验提高，造福宁夏百姓。

是为序。

郝林海

（宁夏回族自治区人民政府原副主席　郝林海）

2021年12月28日

前　言

宁夏居西北内陆，地处北纬 35°14′—39°23′，东经 104°17″—107°39′。地形复杂、山地迭起、盆地错落，黄土高原、鄂尔多斯台地、洪积冲积平原和山地镶嵌其中。地势南高北低，从西南向东北逐渐倾斜，呈阶梯状下降。地貌类型多样，南部以流水侵蚀的黄土地貌为主，中部和北部以干旱剥蚀、风蚀地貌为主。境内有山地、丘陵、平原、台地和沙丘。宁夏属温带大陆性干旱、半干旱气候，并兼有季风气候特点，四季分明，春季回暖快，秋季凉得早，冬无严寒，夏无酷暑。由于位于中国季风区的西缘，宁夏气候又具有明显的季风气候特征，雨热同季，夏季受东南季风影响，气温高、降水多；冬季受西北季风影响大，气温低、降水稀少，气温变化起伏大。北部宁夏平原（包括银川平原和卫宁平原两部分）土层深厚，地势平坦，加上坡降相宜，日照充足，蒸发强烈，昼夜温差大，全年日照时数达3000 h，无霜期 160 d 左右，是中国日照和太阳辐射最充足的地区之一，得黄河水灌溉之利，是宁夏农业的黄金地带。中部干旱带处于黄土高原和青藏高原的交汇地带，全年大部分时间受西风环流的支配，表现为典型的大陆性气候，干旱少雨，风大沙多，日照充足，蒸发强烈，气温日较差大，无霜期短而多变，干旱、冰雹、沙尘暴、霜冻等灾害性天气比较频繁。南部黄土丘陵区气候属温带半湿润半干旱气候区，海拔 1320～2928 m，地形复杂，东侧和南面为陕北黄土高原与丘陵，西侧和南侧为陇中山地与黄土丘陵。中部山地、山间与平原交错。地貌多样，南部以流水侵蚀的黄土地貌为主，土层深厚，达 50～180 m，塬、梁、峁流水地貌发育。宁夏年均温低、无霜期短、降水多、昼夜温差大、水土流失严重，干旱、霜冻、暴雨、冰雹等发生频繁。

近年来，随着全球气候变化，宁夏也经历了以变暖为主要特征的气候变化，宁夏气候资源时空分布格局已发生明显变化，表现在北部灌区生长季和无霜期延长，气候区界发生变化，秋季降水明显增多，对作物布局必然产生深远影响；极端气候事件频繁发生，干旱、霜冻、暴雨、冰雹、大风、连阴雨时有发生，给农业防灾、减灾、救灾造成很大困难；夜间温度的升高，高温干旱复合灾害的发生，降水以大雨和暴雨形式出现，无雨日数增多，这些新变化对宁夏现代农业发展提出挑战。因此，有必要对宁夏农业气候资源做一个系统的整理总结，以期更好地服务于现代农业生产。早在 1964 年，自治区气象局曾对宁夏农业气候资源做了系统调查，并于 1986 年出版了《宁夏农业与气候》，成为指导宁夏农业布局和发展的重要参考，研究成果得到广泛应用。2008 年，在 GIS 技术支持下，编写完成了《宁夏农业气候资源及其分析》著作，分析了 1961—2007 年宁夏气候资源、农业气象灾害、主要作物气候资源，探索发展多熟种植、复种、间作套种等气候变化适应技术。随着宁夏现代农业和特色农业发展，对资源保证率提出更高要求，在多年生果业基地选择时需要考虑气候资源的变化趋势，未雨绸缪，为提高区域竞争力提前谋划布局。同时，现代农业的发展更加重视灾害风险管理，从农业生产的全过程“看天管理”，注重高影响天气和灾害性天气的防控，已关注到果品的高品质需要一定的空气相对湿度和低的夜温保障，这就需要我们以一种全新的视角审视农业气候资源，详尽分析气候资源特点和空间分异规律，为推动农业三产融合和高质量发展提供基础支撑。

本书分 4 章，第 1 章详述了宁夏农业气候资源的空间分布特点，第 2 章至第 4 章分别介绍了农业气象灾害风险区划、宁夏作物气候区划和作物种植区划的指标、分区评述及生产建议，书末附有对农业生产有重要指示意义的农业气候资源统计结果和空间分布图。第 1 章宁夏农业气候资源中光能资源由杨豫执笔，热量资源由陈仁伟、张晓煜执笔，水分资源由冯蕊执笔，风资源由李芳红执笔，其他农业气候资源由张晓煜执笔；第 2 章宁夏农业气象灾害风险区划中小麦、玉米灾害由李娜执笔，水稻、马铃薯灾害由尚艳执笔，枸杞灾害由姜琳琳执笔，酿酒葡萄风险区划由张晓煜执笔，苹果灾害由李红英执笔，设施农业灾害由张磊执笔。第 3 章宁夏作物气候区划中小麦气候区划由杨洋执笔，玉米、水稻气候区划由李娜执笔，马铃薯、枸杞气候区划由姜琳琳执笔，小杂粮气候区划由张磊执笔，酿酒葡萄、红梅杏、冷凉蔬菜气候区划由张晓煜执笔，桃、红枣气候区划由尚艳执笔，苹果、苜蓿气候区划由李红英执笔。第 4 章作物种植区划中酿酒葡萄、冷凉蔬菜、红梅杏种植区划由张晓煜执笔。全书数据计算分析由卫建国、陈仁伟、杨豫、冯蕊、李芳红、杨永娥负责，陈仁伟、王静、吴天皓、李芳红、杨永娥负责区划图的制作，李梦华负责地理信息数据的加工，其他人员负责数据整理、文稿修订、区划结果验证等工作，全书由张晓煜统稿，李红英、卫建国负责校正。

经过近一年的分析、论证，征求专家意见，完成了 1981—2020 年宁夏农业气候资源区划，本书在编撰过程中涉及的数据、资料量大，计算、制图工作量大，成果对于农林牧专业的科技工作者和生产单位有一定参考价值，对指导农业生产布局、种植制度调整、防灾减灾、适应气候变化有重要的应用价值和应用前景。但由于时间仓促、水平有限，错误纰漏在所难免，热忱欢迎广大读者、专家学者和从事基层农业、果园管理工作的专家批评指正。

本书编写过程中，参考了大量的科技文献，请教了宁夏大学李玉鼎教授、张亚红教授，北方民族大学周军教授，宁夏农林科学院谢华研究员、吴国平研究员，宁夏林权服务与产业发展中心李国研究员等专家学者，本书成稿后由李玉鼎教授、周军教授审阅并提出许多宝贵意见，在此一并表示感谢；感谢国家自然科学基金面上项目(41675114)和科技部科技助力经济重点专项(KJZLJJ202003)资助。

编著者

2021 年 12 月 16 日

目　录

第1章 宁夏农业气候资源

1.1 光能资源

1.1.1 日照时数

定义：日照时数是指在无任何遮蔽条件下，太阳从某地东方地平线到进入西方地平线，其光线（太阳辐射强度＞120 W/m^2）照射到地面所经历的时间，以小时（h）为单位，取1位小数。

（1）年日照时数

宁夏1981—2020年年日照时数在2285.1～3069.8 h，南北相差784.7 h，同一站点年际之间相差116.5～192.7 h。宁夏平原年光照资源较为丰富，平罗、贺兰等地年日照时数3000 h以上；青铜峡、中宁和沙坡头北部等地年日照时数2800～3000 h；红寺堡、灵武大部、沙坡头南部及中宁年日照时数2700～2800 h。宁夏南部地区日照时数较短，其中西吉、原州区、彭阳及海原的部分地区年日照时数在2400～2500 h。日照时数最短的区域集中在宁夏的南部山区，隆德和泾源两地的年日照时数均小于2400 h（图1-1）。年日照时数最大值出现在陶乐（2020年，3593.2 h），最小值出现在隆德（1989年，1878.9 h）（附表7）。宁夏近40年年日照时数总体呈下降趋势，气候倾向率为－0.61～0.07 h/10 a（附表3），全区平均为－0.08 h/10a。近40年80%保证率下年日照时数在2144.5～2946.4 h（附表2），90%保证率下年日照时数在2056.9～2898.4 h。

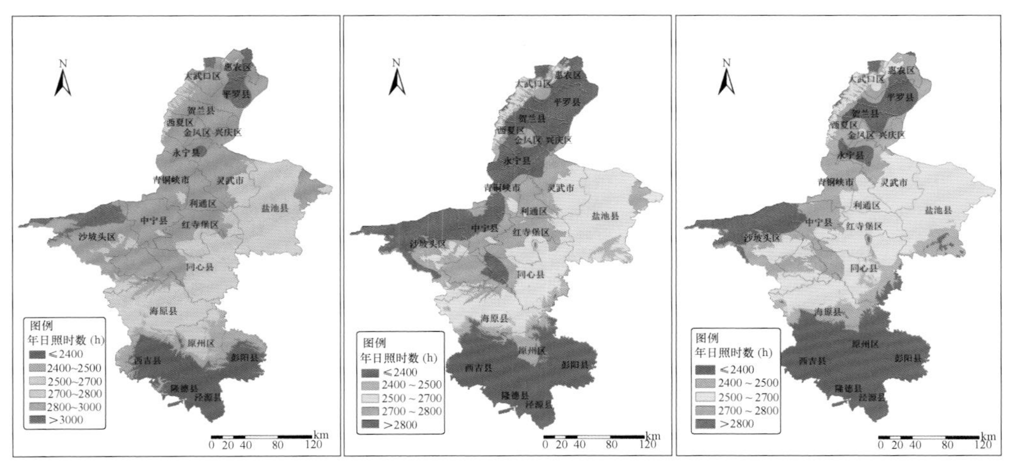

图1-1　1981—2020年年日照时数分布

（左：40年平均年日照时数；中：80%保证率下年日照时数；右：90%保证率下年日照时数）

(2)生长季日照时数

1981—2020 年 40 年生长季平均日照时数在 1304.3～1994.7 h,南北相差 690.4 h,同一站点年际之间相差 102.3～178.0 h。宁夏平原及清水河流域生长季日照时数均在 1700 h 以上。贺兰山、盐池、同心、沙坡头部分地区、海原大部生长季日照时数在 1500～1700 h;海原南部、原州区大部、西吉、彭阳生长季日照时数在 1300～1500 h;隆德、泾源部分地区生长季日照时数小于 1300 h(图 1-2)。生长季日照时数最大值出现在陶乐(2020 年,2505.5 h),最小值出现在泾源(1992 年,900.6 h)。宁夏近 40 年生长季日照时数总体呈下降趋势,气候倾向率为−0.54～0.16 h/10a,全区平均为−0.07 h/10 a。近 40 年 80%保证率下生长季日照时数在 1186.8～2061.0 h,90%保证率下生长季日照时数在 1131.7～2029.0 h。

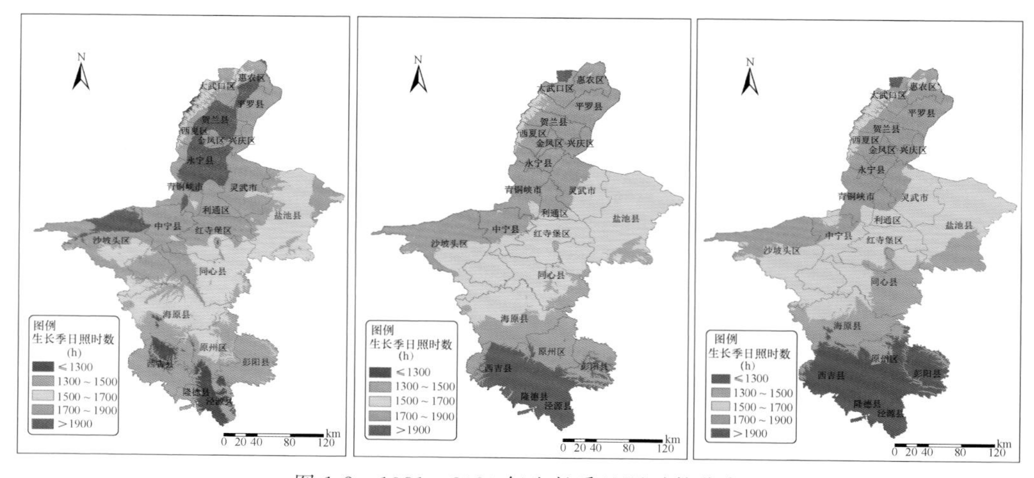

图 1-2 1981—2020 年生长季日照时数分布

(左:40 年平均生长季日照时数;中:80%保证率下生长季日照时数;右:90%保证率下生长季日照时数)

1.1.2 日照百分率

定义:一个时段内,一地的实际日照时数与当地同期理论日照时数之比(百分比)。

计算公式:日照百分率=实际日照时数/理论日照时数 × 100%

(1)年日照百分率

1981—2020 年 40 年年日照百分率为 52.25%～70.30%,南北相差 18.05%,同一站点年际之间相差 2.66%～4.42%。宁夏平原年日照百分率在 65%～70%,只有在沙坡头、中宁边缘地带的极小区域,年日照百分率可达 70%以上。灵武、盐池、红寺堡、同心大部、中宁、沙坡头等部分区域年日照百分率 60%～65%;海原南部、原州区大部、西吉西部、彭阳北部等地年日照百分率 55%～60%;隆德、泾源的年日照百分率小于 55%(图 1-3)。年日照百分率最大值出现在陶乐(2020 年,81.1%),最小值出现在隆德(1989 年,43.2%)。宁夏近 40 年年日照百分率总体呈下降趋势,气候倾向率为

−5.22～0.81%/10 a，全区平均为−0.82%/10 a。近40年80%保证率下年日照百分率在49.06%～67.69%，90%保证率下年日照百分率在47.73%～66.41%。

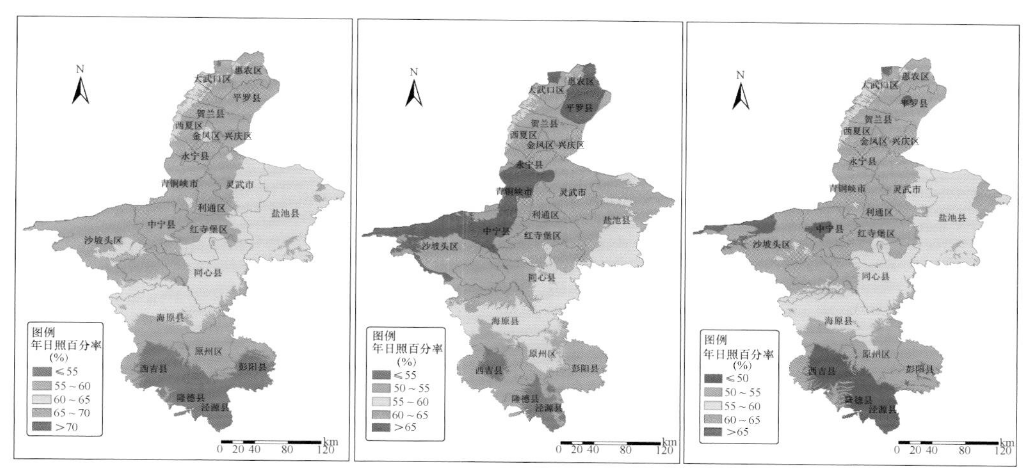

图1-3　1981—2020年年日照百分率分布

（左：40年年日照百分率；中：80%保证率下年日照百分率；右：90%保证率下年日照百分率）

（2）生长季日照百分率

1981—2020年40年生长季日照百分率在50.17%～68.77%，南北相差18.60%，同一站点年际之间相差3.17%～5.52%。银川地区、石嘴山地区、中宁及沙坡头北部地区生长季日照百分率在65%～70%，贺兰山、盐池大部、红寺堡、同心西部、中宁南部、沙坡头南部、海原北部等部分区域生长季日照百分率60%～65%。宁夏南部山区光照资源较为匮乏，海原大部、原州区、西吉、彭阳等地生长季日照百分率仅为55%～60%；隆德、泾源交界处的生长季日照百分率小于55%（图1-4）。生

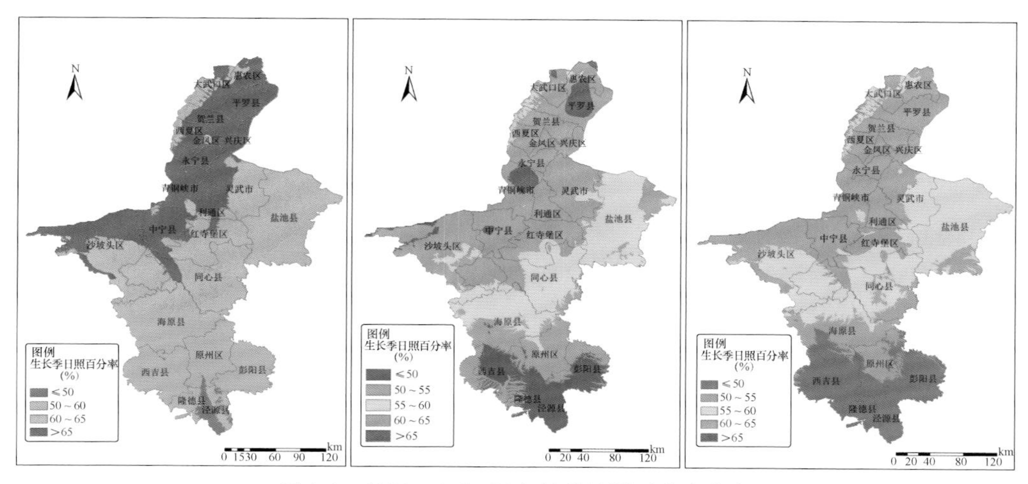

图1-4　1981—2020年生长季日照百分率分布

（左：40年平均生长季日照百分率；中：80%保证率下生长季日照百分率；右：90%保证率下生长季日照百分率）

长季日照百分率最大值出现在陶乐(2020 年,82.56%),最小值出现在泾源(1992 年,43.42%)。宁夏近 40 年生长季日照百分率总体呈下降趋势,气候倾向率为 −3.90%/10 a~1.30%/10 a,全区平均为 −0.43%/10 a。近 40 年 80%保证率下生长季日照百分率在 46.46%~66.19%,90%保证率下生长季日照百分率在 45.07%~64.61%。

1.2 热量资源

1.2.1 平均气温

(1)年平均气温

宁夏年平均气温为 5.9~10.3 ℃,同一站点年际之间相差 0.4~1.0 ℃,南北相差 4.4 ℃。宁夏平原的银川、永宁年平均气温在 10.0 ℃以上;宁夏平原其他地区、清水河流域部分地区年平均气温在 9.0~10.0 ℃;清水河流域、灵武、红寺堡、盐池、彭阳部分地区年平均气温在 8.0~9.0 ℃;贺兰山、盐池、沙坡头、同心、海原、原州区、彭阳部分地区和西吉、泾源、青铜峡小部地区年平均气温在 7.0~8.0 ℃;沙坡头、同心、盐池、海原、南部黄土丘陵区等部分地区年平均气温在 6.0~7.0 ℃;六盘山、贺兰山、罗山海拔较高的高山区和海原、西吉部分地区年平均气温在 5.0~6.0 ℃;年平均气温最低的区域集中在六盘山、贺兰山、罗山海拔较高的高山区和海原、西吉部分地区,年平均气温在 5.0 ℃以下(图 1-5)。宁夏近 40 年年平均气温总体呈上升趋势,气候倾向率为 −0.06~0.75 ℃/10 a(附表 3),全区平均为 0.43 ℃/10 a。近 40 年 80%保证率下年平均气温在 5.19~9.63 ℃(附表 2),90%保证率下年平均气温在 5.12~9.31 ℃。

1981—2020 年 40 年年平均气温为 8.8 ℃,最大值出现在吴忠(2013 年,11.8 ℃),最小值出现在隆德(1984 年,4.3 ℃)。

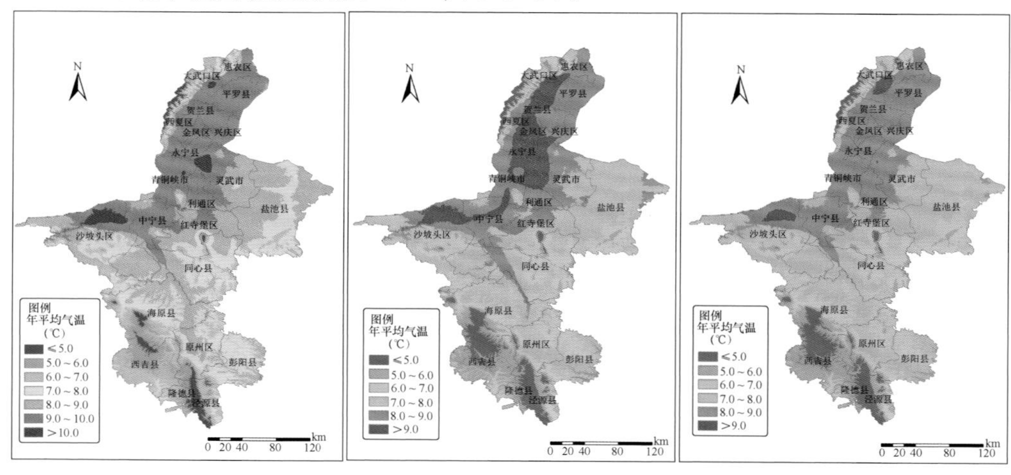

图 1-5 1981—2020 年年平均气温分布

(左:40 年年平均气温;中:80%保证率下年平均气温;右:90%保证率下年平均气温)

(2)生长季平均气温

宁夏年生长季平均气温为12.7～18.0 ℃,同一站点年际之间相差0.6～0.9 ℃,南北相差5.2 ℃。银川平原北部生长季平均气温在17.0 ℃以上;银川平原、中宁、沙坡头部分地区生长季平均气温在16.0～17.0 ℃;灵盐台地、中宁、红寺堡、同心、沙坡头、海原部分地区生长季平均气温在15.0～16.0 ℃;盐池、沙坡头、同心、海原、原州区、彭阳部分地区生长季平均气温在14.0～15.0 ℃;贺兰山、沙坡头、同心、盐池、海原、南部黄土丘陵区等部分地区生长季平均气温在13.0～14.0 ℃;生长季平均气温最低的区域集中在六盘山、贺兰山、罗山等海拔较高的高山区和海原、西吉部分地区,在5.0 ℃以下(图1-6)。宁夏近40年生长季平均气温总体呈上升趋势,气候倾向率为0.03～ 0.52 ℃/10 a,全区平均为0.28 ℃/10 a。近40年80%保证率下生长季平均气温在12.3～17.5 ℃,90%保证率下生长季平均气温在11.9～17.3 ℃。

1981—2020年40年生长季平均气温为16.3 ℃,最大值出现在惠农(2011年,19.5 ℃),最小值出现在隆德(1989年,11.4 ℃)。

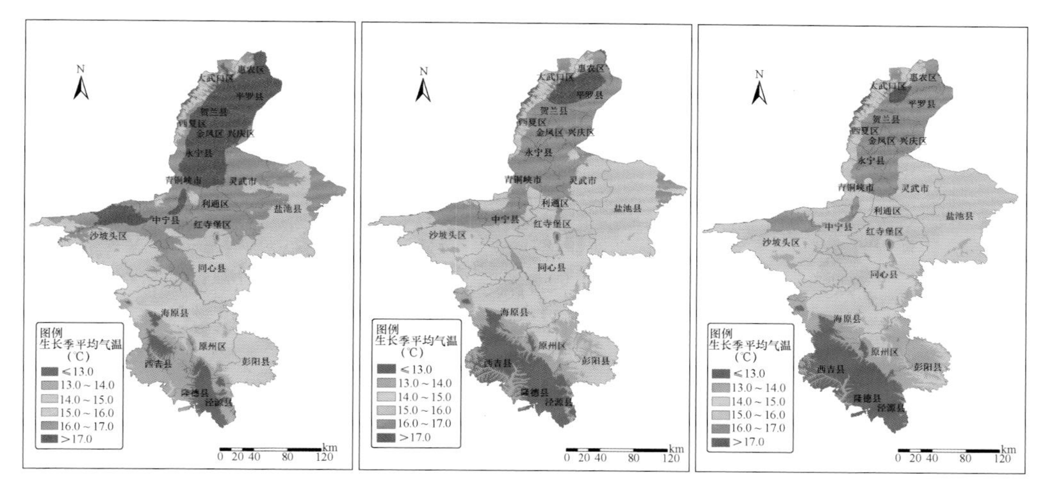

图1-6 1981—2020年生长季平均气温分布

(左:40年生长季平均气温;中:80%保证率下生长季平均气温;右:90%保证率下生长季平均气温)

1.2.2 气温日较差

定义:气温日较差亦称气温日振幅,是一天中最高气温与最低气温之差。

(1)气温日较差年平均

宁夏气温日较差年平均为10.6～14.3 ℃,同一站点年际之间相差0.4～1.3 ℃,南北相差3.7 ℃。宁夏平原、盐池、清水河流域部分地区年气温日较差在13.0 ℃以上;银川、青铜峡、利通区、红寺堡、盐池部分地区年气温日较差在12.0～13.0 ℃;贺兰山、惠农、盐池、沙坡头、同心、海原、原州区部分地区年气温日较差普遍在11.0～12.0 ℃;贺兰山、同心、海原、六盘山区等部分地区年气温日较差在

10.0～11.0 ℃;年气温日较差最低的区域集中在六盘山、贺兰山、罗山等海拔较高的高山区和海原部分地区,在 10 ℃以下(图 1-7)。宁夏近 40 年年气温日较差总体呈上升趋势,气候倾向率为－0.69～0.99 ℃/10 a,全区平均为 0.02 ℃/10 a。近 40 年 80%保证率下年气温日较差在10.2～13.8 ℃,90%保证率下年气温日较差在 9.9～13.7 ℃。

1981—2020 年 40 年年平均气温日较差为 12.8 ℃,最大值出现在盐池(2004 年,16.4 ℃),最小值出现在泾源(1989 年,9.5 ℃)。

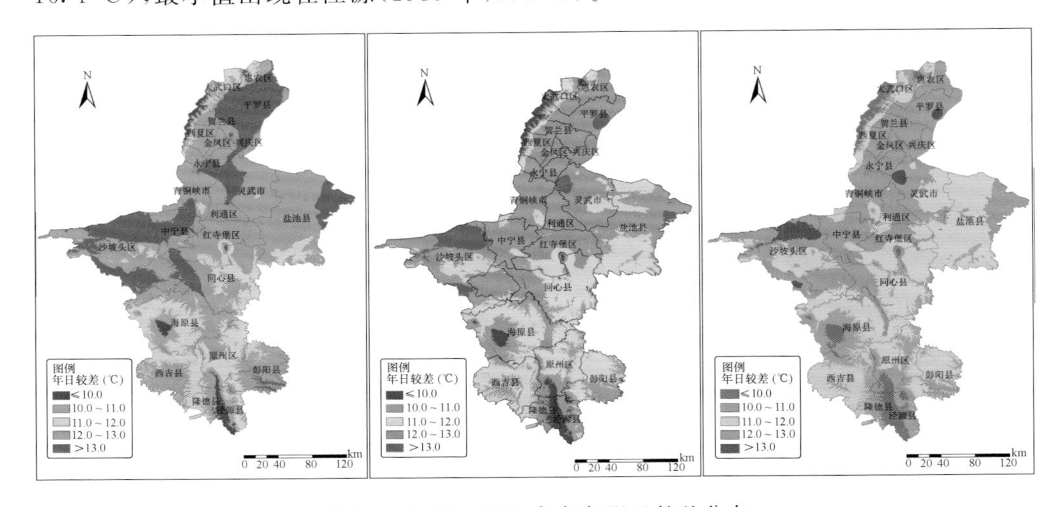

图 1-7　1981—2020 年年气温日较差分布

(左:40 年年平均气温日较差;中:80%保证率下年气温日较差;右:90%保证率下年气温日较差)

(2)生长季气温日较差

宁夏生长季气温日较差为 10.5～14.5 ℃,同一站点年际之间相差 0.4～1.2 ℃,南北相差 4.0 ℃。宁夏平原、清水河流域部分地区生长季气温日较差在 13.0～14.0 ℃;宁夏平原、清水河流域、彭阳、盐池、同心部分地区生长季气温日较差在 12.0～13.0 ℃;贺兰山、惠农、盐池、沙坡头、同心、海原、原州区、彭阳部分地区生长季气温日较差普遍在 11.0～12.0 ℃;贺兰山、惠农、沙坡头、同心、盐池、海原、南部黄土丘陵区等部分地区生长季气温日较差在 10.0～11.0 ℃;生长季气温日较差最低的区域集中在六盘山、贺兰山、罗山等海拔较高的高山区和海原、西吉、沙坡头、惠农区部分地区,生长季气温日较差在 10℃以下(图 1-8)。宁夏近 40 年生长季气温日较差总体呈上升趋势,气候倾向率为－0.66～ 0.93 ℃/10 a,全区平均为 0.08 ℃/10 a。近 40 年 80%保证率下生长季气温日较差在 10.1～13.8 ℃,90%保证率下生长季气温日较差在 9.6～13.4 ℃。

1981—2020 年 40 年生长季平均气温日较差为 12.9℃,最大值出现在灵武(2020 年,16.2 ℃),最小值出现在泾源(1989 年,9.5 ℃)。

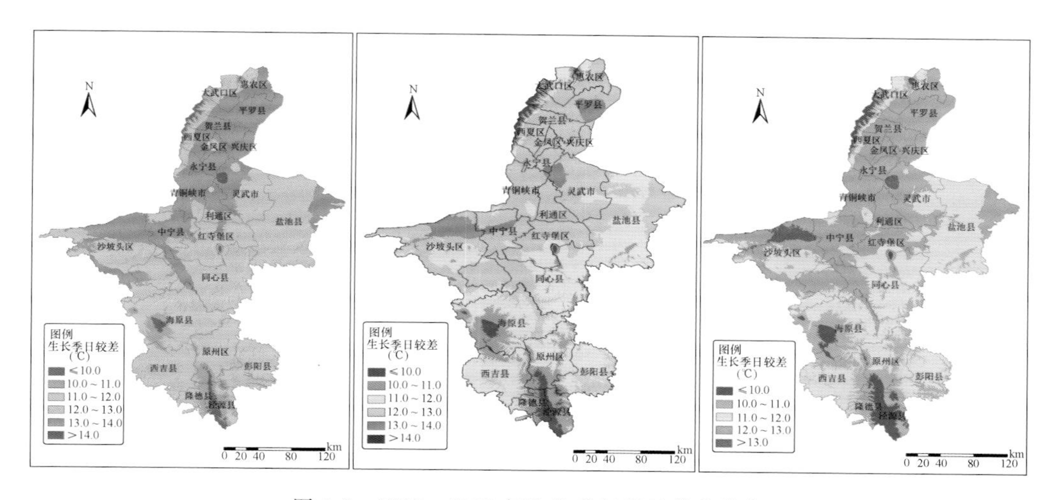

图 1-8　1981—2020 年生长季气温日较差分布
（左：40 年平均生长季气温日较差；中：80%保证率下生长季气温日较差；右：90%保证率下生长季气温日较差）

1.2.3　生长季

定义：春季日平均气温稳定上升通过 0 ℃的开始日至秋季日最低气温≤2 ℃的前一天定为生长季。

宁夏生长季持续 195～266 d，同一站点年际之间相差 10.7～16.7d，南北相差 71 d。中宁、沙坡头部分地区生长季日数在 220 d 以上；宁夏平原、清水河流域生长季日数普遍在 210～220 d；灵盐台地、中宁、红寺堡、同心、沙坡头、海原、彭阳、原州区部分地区生长季日数普遍在 200～210 d；盐池、同心、沙坡头、海原、西吉、隆德、泾源、彭阳、原州区部分地区生长季日数在 190～200 d；生长季最短的区域集中在六盘山、贺兰山、罗山等海拔较高的高山区和海原、西吉部分地区，生长季日数在 190 d 以下（图 1-9）。宁夏近 40 年生长季日数总体呈上升趋势，气候倾向率为 −3.1～8.0 d/10 a，全区平均为 3.6 d/10 a。近 40 年 80%保证率下生长季在 181～215 d，90%保证率下生长季在 177～205 d。

1981—2020 年 40 年平均生长季为 212 d，最大值出现在永宁（2009 年，275 d），最小值出现在隆德（1993 年，169 d）。生长季起始日期南北相差 16 d，北部引黄灌区始于 3 月上旬，中部干旱带同心、盐池、海原始于 3 月初，南部黄土丘陵区始于 3 月中旬。宁夏生长季的结束日期北部引黄灌区结束于 10 月上旬，中部干旱带同心、盐池、海原结束于 10 月上中旬，南部黄土丘陵区结束于 9 月底至 10 月上旬，南北相差 17 d。

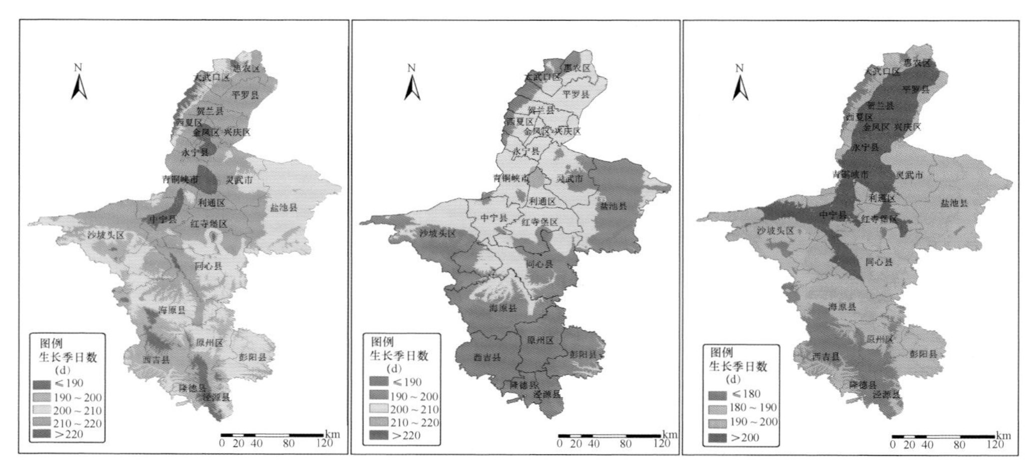

图 1-9　1981—2020 年生长季分布

（左：40 年平均生长季；中：80%保证率下生长季；右：90%保证率下生长季）

1.2.4　无霜期

定义：一年中日最低气温>2 ℃期间的日数。

宁夏无霜期持续 128～176 d，同一站点年际之间相差 10.2～17.7 d，南北相差 48 d。银川平原、中宁、沙坡头三地的部分地区无霜期在 165 d 以上；银川平原、沙坡头、中宁、同心、红寺堡部分地区无霜期普遍在 160～165 d，清水河流域、盐池西部、灵武大部、沙坡头西部无霜期普遍在 150～160 d；盐池、同心、彭阳、原州区大部及沙坡头、海原、西吉、泾源部分地区无霜期在 140～150 d；盐池、同心、沙坡头、海原、彭阳小部和六盘山一带地区无霜期在 130～140 d；无霜期最短的区域集中在六盘山、贺兰山、罗山等海拔较高的高山区和海原、西吉部分地区，在 130 d 以下（图 1-10）。宁夏近 40 年无霜期总体呈上升趋势，气候倾向率为−5.5～ 8.9 d/10 a，全区平均为 2.6 d/10 a。近 40 年 80%保证率下生长季在 116～163 d，90%保证率下生长季在 110～155 d。

1981—2020 年 40 年平均无霜期为 157 d，最大值出现在吴忠（2009 年，209 d），最小值分别出现在隆德（1993 年和 1985 年，98 d）和西吉（1997 年，98 d）。终霜日期南北相差 20 d，北部引黄灌区终于 4 月下旬（最早终于 4 月 2 日，最晚终于 5 月 22 日），中部干旱带同心、盐池、海原终于 5 月上旬（最早终于 4 月 2 日，最晚终于 6 月 1 日），南部黄土丘陵区终于 5 月中旬（最早终于 4 月 14 日，最晚终于 6 月 16 日）。初霜日期北部引黄灌区始于 10 月上旬（最早始于 9 月 8 日，最晚始于 11 月 5 日），中部干旱带同心、盐池、海原始于 10 月上旬（最早始于 9 月 8 日，最晚始于 10 月 30 日），南部黄土丘陵区始于 9 月下旬（最早始于 9 月 7 日，最晚始于 10 月 21 日），南北相差 7 d。

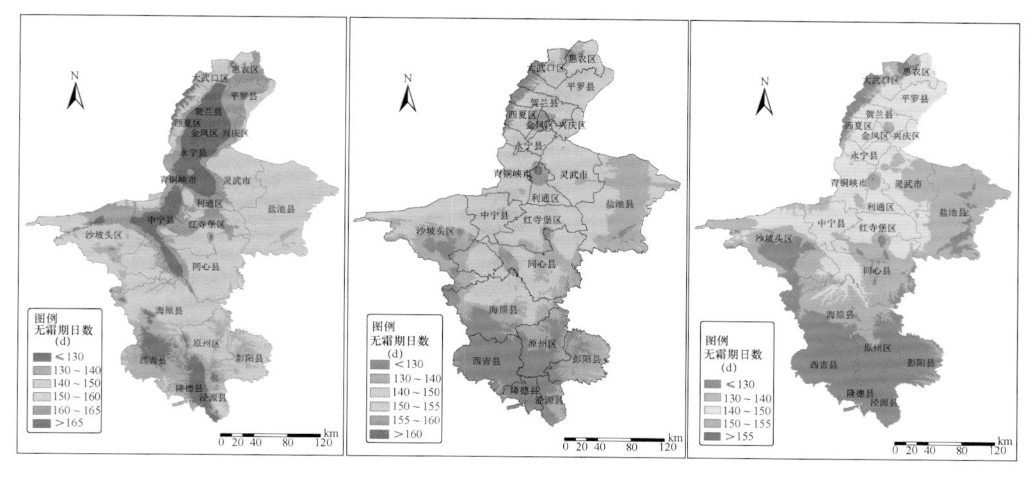

图 1-10　1981—2020 年无霜期分布

(左:40 年平均无霜期;中:80%保证率下无霜期;右:90%保证率下无霜期)

1.2.5　积温

定义:界限温度内日平均气温的累计值,活动积温反映一个地区的热量资源状况。

计算公式:

$$Y = \sum_{i=m}^{n} T_i$$

式中:Y 为某界限温度下的活动积温,T_i 为起止界限温度期间每日平均气温,m 为某界限温度的起始日期,n 为某界限温度的终止日期。

(1)≥0 ℃活动积温

1981—2020 年 40 年平均≥0℃活动积温在 2732～4186 ℃·d,同一站点年际之间相差 101.9～301.7 ℃·d。宁夏平原、清水河流域活动积温普遍在 4000 ℃·d 以上,灵盐台地、中宁、红寺堡、同心、海原部分地区活动积温普遍在 3600～4000 ℃·d;沙坡头区、海原、同心、盐池部分地区活动积温在 3300～3600 ℃·d;活动积温最少的区域集中在六盘山阴湿区,活动积温在 2500～2900 ℃·d(图 1-11)。≥0 ℃活动积温最大值出现在永宁(2008 年,4632 ℃·d),最小值出现在隆德(1984 年,2472 ℃·d)。宁夏近 40 年≥0 ℃活动积温呈上升趋势,气候倾向率为 11.3～226.0 ℃·d/10 a(附表 3),全区平均为 122.8 ℃·d/10 a。近 40 年 80%保证率下≥0 ℃活动积温在 2556～4079 ℃·d(附表 2),90%保证率下≥0 ℃活动积温在 2510～4007 ℃·d。

宁夏日平均气温稳定通过 0 ℃持续 238～265 d,南北相差 27 d,最大值出现在中宁(1998 年,300 d),最小值出现在隆德(1987 年,206 d)。0 ℃起始日期北部引黄灌区始于 3 月初,中部干旱带同心、盐池、海原始于 3 月上中旬,南部黄土丘陵区始于 3 月中旬;南北相差 16 d。宁夏日平均气温稳定通过 0 ℃的结束日期全区结束于11 月中旬，南北相差很小。

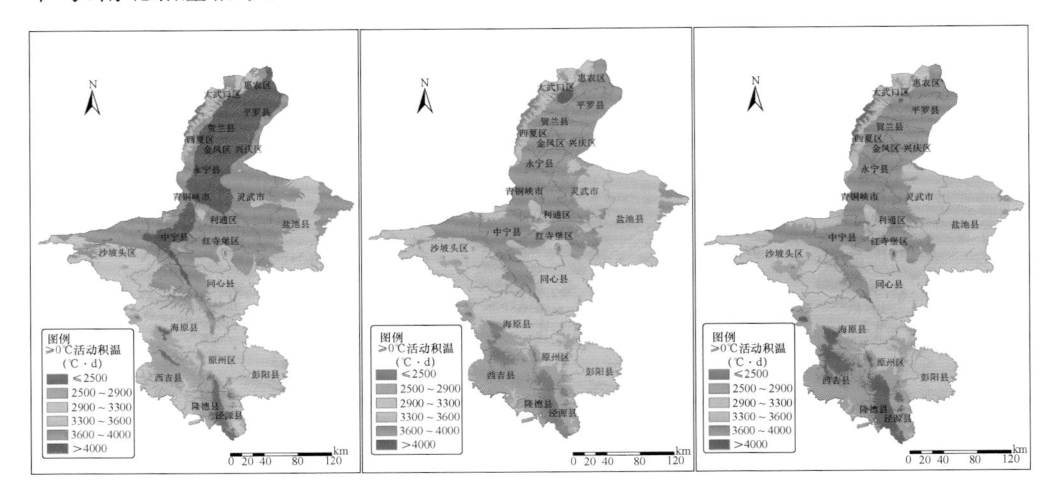

图 1-11 1981—2020 年≥0 ℃活动积温分布

（左：40 年平均积温；中：80%保证率下积温；右：90%保证率下积温）

(2)≥5 ℃活动积温

1981—2020 年 40 年平均≥5 ℃活动积温在 2503～4023 ℃·d，同一站点年际之间相差 121.2～328.0 ℃·d。宁夏平原、清水河流域活动积温普遍在 3700 ℃·d 以上，灵盐台地、中宁、红寺堡、同心、海原部分地区活动积温普遍在 3400～3700 ℃·d；盐池、同心、沙坡头区、海原部分地区活动积温在 3000～3400 ℃·d；活动积温最少的区域集中在六盘山海拔较高的高山区，活动积温在 2200 ℃·d 以下（图 1-12）。≥5 ℃活动积温最大值出现在永宁（2008 年，4584 ℃·d），最小值出现在隆德（2003 年，2200 ℃·d）。宁夏近 40 年≥5 ℃活动积温呈上升趋势，气候倾向率为 11.9～240.3 ℃·d/10 a，全区平均为 126.3 ℃·d/10 a。近 40 年 80%保证率下≥5 ℃活动积温在 2323～3905 ℃·d，90%保证率下≥5 ℃活动积温在 2300～3868 ℃·d。

宁夏日平均气温稳定通过 5 ℃持续 185～227 d，南北相差 42 d，最大值出现在中宁（2019 年，255 d），最小值出现在泾源（1983/2003 年，161 d）。5 ℃起始日期南北相差 27 d，北部引黄灌区始于 3 月中旬，中部干旱带同心、盐池始于 3 月下旬，海原、原州区始于 4 月上旬，西吉、隆德、泾源始于 4 月中旬，南北相差 27 d。宁夏日平均气温稳定通过 5 ℃的结束日期北部引黄灌区和中部干旱带结束于 10 月下旬，西吉、隆德、泾源结束于 10 月中旬，南北相差 16 d。

(3)≥10 ℃活动积温

1981—2020 年 40 年平均≥10 ℃活动积温在 1993～3659 ℃·d，同一站点年际之间相差 160.4～313.8 ℃·d。大武口区≥10℃活动积温在 3600 ℃·d 以上，宁夏平原、清水河流域活动积温普遍在 3300～3600 ℃·d，灵盐台地、中宁、沙坡头区、红

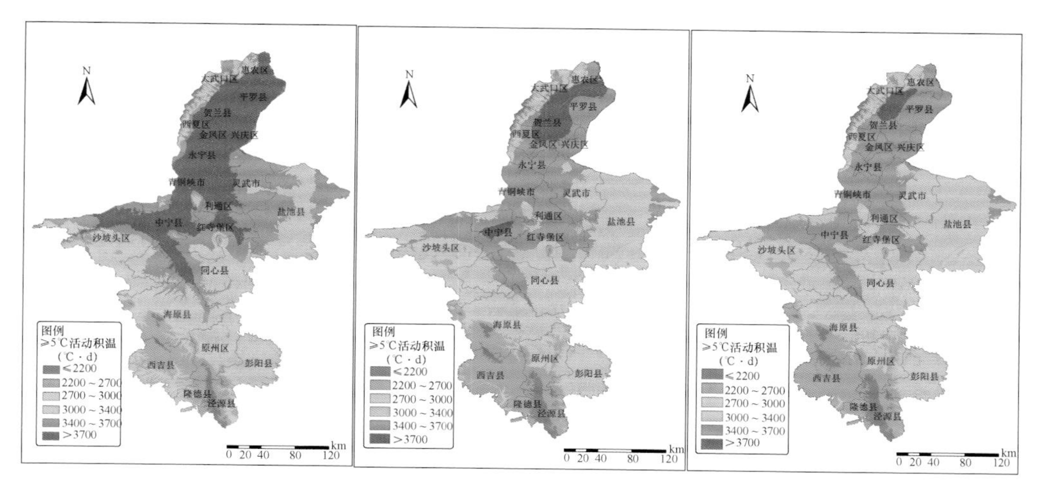

图 1-12　1981—2020 年≥5 ℃活动积温分布

（左:40 年平均积温;中:80%保证率下积温;右:90%保证率下积温）

寺堡、同心、海原部分地区活动积温普遍在 3000～3300 ℃ · d;盐池、同心、沙坡头区、海原部分地区活动积温在 2300～3000 ℃ · d;活动积温最少的区域集中在六盘山海拔较高的高山区,在 1800 ℃ · d 以下(图 1-13)。≥10 ℃活动积温最大值出现在永宁(2009 年,4205 ℃ · d),最小值出现在隆德(1984 年,1678 ℃ · d)。宁夏近 40 年≥10℃活动积温呈上升趋势,气候倾向率为 10.4～212.4 ℃ · d/10a,全区平均为 113.2 ℃ · d/10a。近 40 年 80%保证率下≥10 ℃活动积温在 1799～3512 ℃ · d,90%保证率下≥10℃活动积温在 1738～3439 ℃ · d。

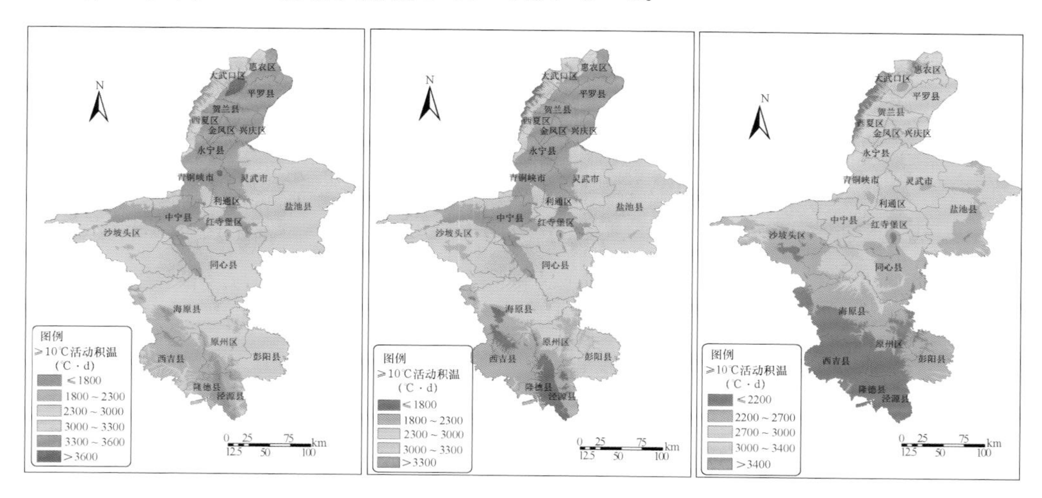

图 1-13　1981—2020 年≥10 ℃活动积温分布

（左:40 年平均积温;中:80%保证率下积温;右:90%保证率下积温）

宁夏日平均气温稳定通过 10 ℃持续 131～183 d，南北相差 52 d，最大值出现在永宁（1982 年，203 d），最小值出现在泾源（2006 年，106 d）。10 ℃起始日期南北相差 32 d，北部引黄灌区始于 4 月中旬，同心、盐池始于 4 月中旬末，南部黄土丘陵区的海原、原州区、西吉始于 4 月下旬至 5 月上旬，隆德、泾源始于 5 月中旬，南北相差 32 d。宁夏日平均气温稳定通过 10 ℃的结束日期北部引黄灌区结束于 10 月上中旬，中部干旱带同心、盐池、海原结束于 10 月上旬，南部黄土丘陵区结束于 9 月下旬，南北相差 21 d。

（4）≥15 ℃活动积温

1981—2020 年 40 年平均≥15 ℃活动积温在 975～3035 ℃·d，同一站点年际之间相差 153.0～365.7 ℃·d。银川平原、中宁等地≥15 ℃活动积温普遍在 2800 ℃·d以上，沙坡头区、灵盐台地、红寺堡、清水河同心段部分地区活动积温普遍在 2200～2800 ℃·d；盐池、同心、海原、沙坡头区、彭阳、原州区部分地区活动积温在 1800～2200 ℃·d；活动积温最少的区域集中在六盘山区，在 1400 ℃·d 以下（图 1-14）。≥15 ℃活动积温最大值出现在大武口（2015 年，3613 ℃·d），最小值出现在隆德（1993 年，301 ℃·d）。宁夏近 40 年≥15℃活动积温呈上升趋势，除彭阳略有下降外，其他地区气候倾向率为 1.2～244.2 ℃·d/10a，全区平均为 103.1 ℃·d/10 a。近 40 年 80%保证率下≥15 ℃活动积温在 722～2877 ℃·d，90%保证率下≥15℃活动积温在 290～2815 ℃·d。

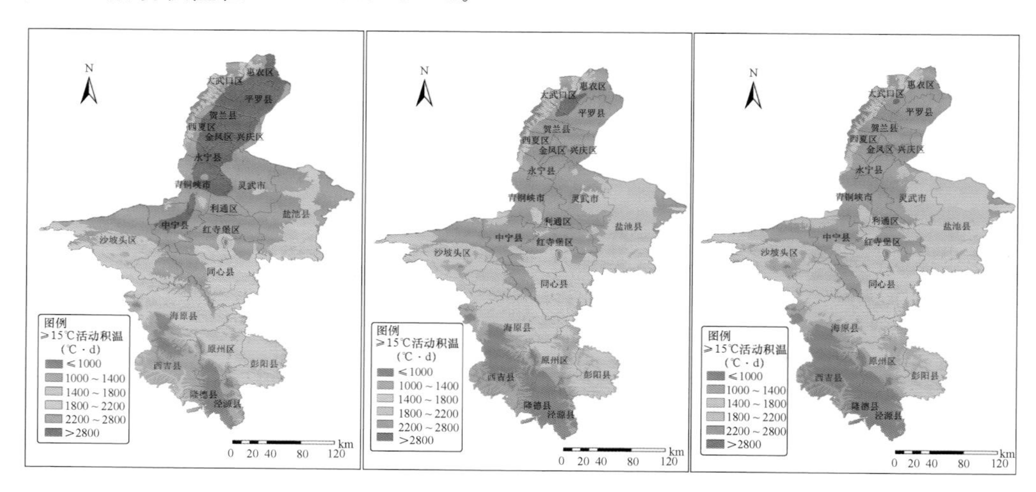

图 1-14 1981—2020 年≥15 ℃活动积温分布

（左：40 年平均积温；中：80%保证率下积温；右：90%保证率下积温）

宁夏日平均气温稳定通过 15 ℃持续 60～140 d，南北相差 80 d。最大值分别出现在中宁（1992 年，168 d）、吴忠（1988 年，168 d），最小值出现在隆德（1993 年，19 d）。≥15 ℃起始日期南北相差 45 d，北部引黄灌区始于 5 月上旬，中部干旱带同心、盐池、海原始于 5 月中下旬，南部黄土丘陵区始于 6 月上中旬；宁夏日平均气温稳定通过

15 ℃的结束日期北部引黄灌区结束于 9 月中旬末下旬初，中部干旱带同心、盐池、海原结束于 9 月中旬，南部黄土丘陵区结束于 8 月下旬末至 9 月上旬，南北相差 35 d。

1.2.6 生长度日(Growing degree days, GDD)

定义：葡萄生长季(4—10 月)每日大于 10℃有效积温之和。主要用于葡萄产区划分。

计算公式：

$$GDD = \sum\left[\frac{(T_{max} + T_{min})}{2} - 10\right]$$

式中：T_{max} 为 4—10 月每日最高气温，T_{min} 为每日最低气温，GDD 单位为℃·d。

1981—2020 年 40 年平均 GDD 在 777～1920 ℃·d。

宁夏平原已有少量区域跨入暖温区，可以满足葡萄晚熟品种生长所需的热量条件。灵盐台地、中宁、红寺堡、同心、海原部分地区和彭阳红河河谷地 GDD 在 1650～1927 ℃·d，属于中温区，可以满足中晚熟葡萄品种生长的热量需求；盐池麻黄山、罗山、沙坡头香山地区、海原南部、原州区、西吉、隆德、泾源、彭阳等地区，GDD 在 1371～1650 ℃·d，属于凉爽地区，可以满足早熟品种的热量需要，种植葡萄可以存活，但因一些地区无霜期短，无法获得足够的经济产量，实际上早熟葡萄品种在这里无法正常成熟；六盘山、月亮山、南华山等高山地区 GDD 最少，在 1371 ℃·d 以下，属于最凉区，是葡萄的不可种植区(图 1-15)。GDD 最大值出现在永宁(2009 年，2270 ℃·d)，已达到热区的热量指标。最小值出现在隆德(1984 年，615 ℃·d)。宁夏近 40 年 GDD 呈上升趋势，气候倾向率为 0.2～172.9 ℃·d/10 a，全区平均为 80.1 ℃·d/10 a。近 40 年 80%保证率下 GDD 在 685～1824 ℃·d，90%保证率下 GDD 在 631～1808 ℃·d。

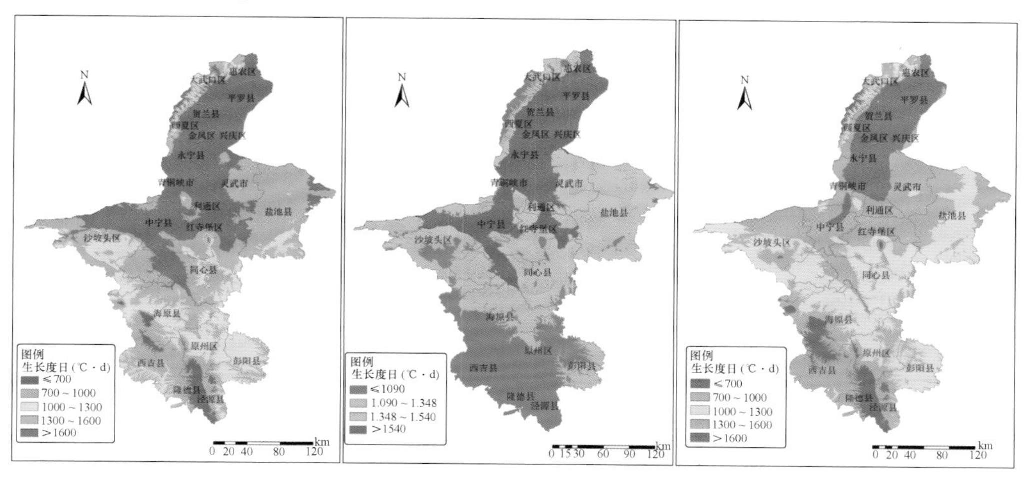

图 1-15 1981—2020 年宁夏 GDD 分布

(左：40 年平均 GDD；中：80%保证率下 GDD；右：90%保证率下 GDD)

1.2.7 HI 指数(Huglin Index, HI)

定义:光热指数(Huglin 指数),法国学者 Huglin 提出了用光热指数来衡量葡萄适栽区的方法,它是指葡萄生长季每日有效积温与日长系数的乘积之和。

计算公式:

$$\mathrm{HI}=\sum\left[\frac{(T_a-10)+(T_{\max}-10)}{2}\right]\cdot K$$

式中:T_a 为 4—9 月日平均气温,$T_{\max}$ 为日最高气温。K 为日长系数,纬度在40°—50°,则 K 值为 1.02~1.06(李华,2008)。

Huglin 认为,HI 下限为 1500,上限为 2400。超过此限的地区为葡萄不适宜栽培区。宁夏 1981—2020 年 40 年平均 HI 在 1148~2484。宁夏平原的惠农、平罗、贺兰、利通区的部分地区 HI 大于 2400,为晚熟葡萄栽培的适宜区。宁夏平原大部、清水河流域、灵盐台地、红寺堡部分扬黄灌区 HI 在 1800~2400,可以满足中晚熟品种葡萄生长所需的热量条件。盐池麻黄山、同心罗山保护区、中卫香山、海原中北部、原州区中北部、彭阳 HI 在 1500~1800,可以满足早熟葡萄品种生长的热量需求,种植葡萄可以存活,但此区大部分区域无霜期短,无法获得足够的经济产量,实际上早熟葡萄品种在这里无法正常成熟;海原南部、西吉、隆德、彭阳 HI 小于 1500,是葡萄的不适宜区和不可种植区(图 1-16)。HI 最大值出现在永宁(2009 年,2751),热量过多,已远超过不适宜种植的界限。最小值出现在隆德(1984 年,922)。宁夏近 40 年 HI 呈上升趋势,气候倾向率为 5.1~154.8/10 a,全区平均为 79.9/10 a。近 40 年 80%保证率下 HI 在1020~2383,90%保证率下 HI 在 974~2360。

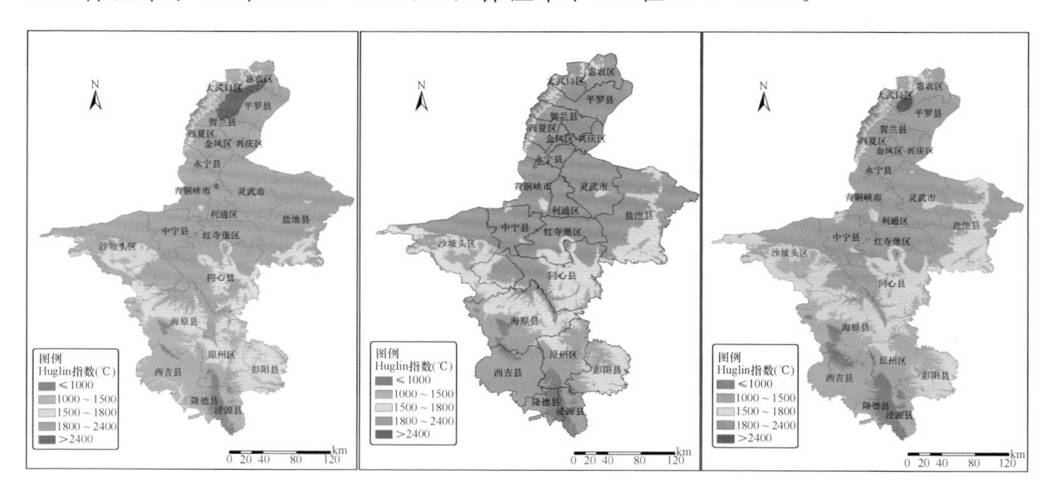

图 1-16 1981—2020 年 HI 指数分布

(左:40 年平均 HI 指数;中:80%保证率下 HI 指数;右:90%保证率下 HI 指数)

1.3 水分资源

1.3.1 降水量

定义：从天空降落到地面上的液态或固态（经融化后）水，未经蒸发、渗透、流失，而在水平面上积聚的深度。降水量是衡量一个地区水资源量的重要依据。

计算公式：

$$P = \sum_{i=m}^{n} P_i$$

式中：P 为某段时期内的降水量，P_i 为每日降水量，m 为某段时期内降水起始日期，n 为某段时期内降水终止日期。

(1)年降水量

1981—2020 年 40 年平均降水量 172.0～656.2 mm，同一站点年际之间相差 46.7～142.5 mm。宁夏南部六盘山山区、原州区南部年平均降水量 500 mm 以上，西吉、原州区中北部、彭阳、盐池、同心东南部、红寺堡东部、沙坡头区南部、海原年平均降水量普遍在 300～500 mm；沙坡头区、中宁、红寺堡区西部、利通区、青铜峡、银川、石嘴山年平均降水量在 150～300 mm；降水量最少的区域集中在贺兰山东麓的平罗、贺兰段，年平均降水量在 150 mm 以下（图 1-17）。

年降水最大值出现在泾源（2019 年，1019.8 mm），最小值出现在中卫（2003 年，56.8 mm）（附表 7）。宁夏近 40 年大部分地区降水量呈上升趋势，气候倾向率为 1.90～102.70 mm/10 a，同心及韦州降水量呈下降趋势，气候倾向率为 −3.27 mm/10 a 和 −0.88 mm/10 a（附表 3），全区平均为 14.8 mm/10 a。近 40 年 80%保证率下年降水量在 127.0～555.6 mm（附表 2），90%保证率下年降水量在 103.9～479.2 mm。

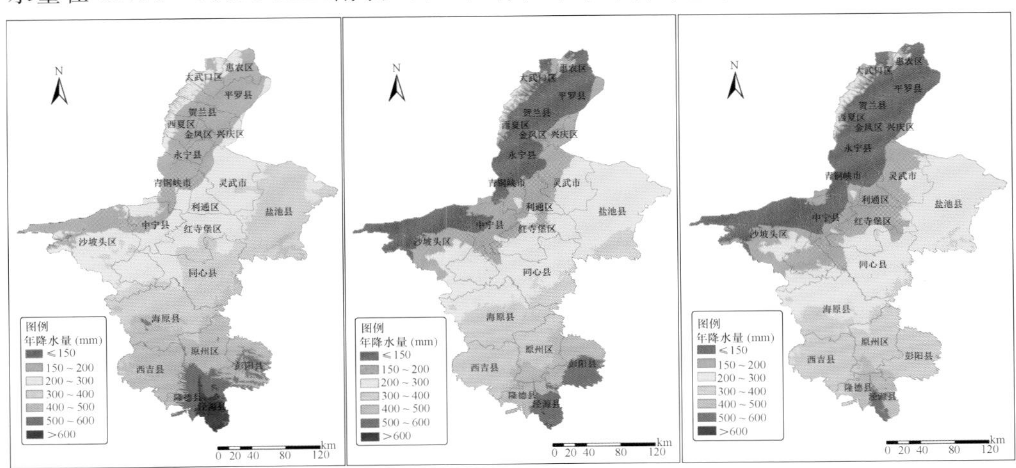

图 1-17 1981—2020 年年降水量分布

（左：40 年平均降水量；中：80%保证率下降水量；右：90%保证率下降水量）

(2)生长季降水量

1981—2020 年 40 年生长季平均降水量在 88.7～418.2 mm,同一站点年际之间相差 46.92～138.90 mm。泾源、隆德东南部生长季平均降水量在 500 mm 以上,西吉东南部、原州区东部和南部、彭阳、隆德西北部,以及海原部分地区生长季平均降水量在 400～500 mm;西吉西部、同心东南部、盐池南部、原州区北部、海原大部分地区生长季平均降水量在 300～400 mm;红寺堡区、盐池北部、同心西部及北部、沙坡头区南部、中宁南部及贺兰山沿山地区生长季平均降水量在 200～300 mm;降水量最少的区域集中在宁夏西北部,生长季平均降水量在 200 mm 以下(图 1-18)。

生长季降水量最大值出现在泾源(2019 年,894.8 mm),最小值出现在青铜峡(2005 年,43.7 mm)。宁夏近 40 年大部分地区生长季降水量呈上升趋势,气候倾向率为0.61～104.50 mm/10 a,同心及韦州降水量呈下降趋势,气候倾向率为－4.47 mm/10 a 及－3.29 mm/10 a,全区平均为 11.74 mm/10 a。近 40 年 80%保证率下生长季降水量在 114.4～451.1 mm,90%保证率下生长季降水量在 88.7～418.2 mm。

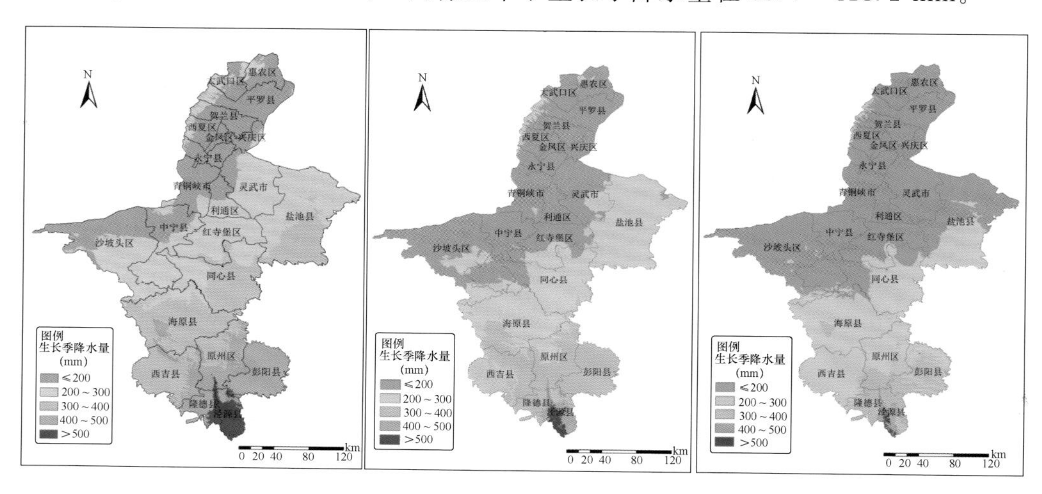

图 1-18 1981—2020 年生长季降水量分布

(左:40 年平均降水量;中:80%保证率下降水量;右:90%保证率下降水量)

1.3.2 潜在蒸散量(ET_0)

定义:潜在蒸散量是天气气候条件决定的下垫面蒸散过程的能力,是实际蒸散量的理论上限,是区域水量平衡研究的重要参考。潜在蒸散量一般由估算获得,估算潜在蒸散量的方法大致可以分为 4 类:即温度法、辐射法、风速法和综合法。其中综合法中 Penman-Monteith 法(PM 法)物理意义强,综合考虑了能量平衡和水汽扩散,计算精度高,被联合国粮农组织(FAO)列为计算潜在蒸散量的首选方法。

计算公式:

$$ET_0=\frac{0.408\Delta(R_n-G)+\gamma\dfrac{900}{(T+273)}U_2(e_s-e_a)}{\Delta+\gamma(1+0.34U_2)}$$

式中：Δ 为温度对饱和水汽压曲线的斜率（kPa/℃），R_n 表示净辐射量[MJ/(m^2 · d)]，G 为日土地热通量[MJ/(m^2 · d)]，γ 为干湿表常数（kPa/℃），T 为日平均气温（℃），U_2 为 2 m 处风速（m/s），e_s 和 e_a 分别为饱和水汽压和实际水汽压（kPa）。

（1）年潜在蒸散量

1981—2020 年 40 年年平均潜在蒸散量为 923.7～1318.6 mm，同一站点年际之间相差 31.6～74.9 mm。其中石炭井、沙坡头北部少部分地区年平均潜在蒸散量大于 1300 mm，引黄灌区和扬黄灌区及贺兰山东麓年平均潜在蒸散量在 1200～1300 mm；贺兰山高山区、沙坡头中部及南部、灵武、利通区南部、红寺堡区、盐池、同心大部、海原北部等地区年平均潜在蒸散量在 1100～1200 mm；海原中部及南部、原州区、彭阳等地势较高地区年平均潜在蒸散量在 1000～1100 mm；六盘山所处的泾源、隆德、彭阳大部分地区年平均潜在蒸散量在 900～1000 mm；年平均潜在蒸散量最少的区域位于六盘山高山区，年平均潜在蒸散量小于 900 mm（图 1-19）。年潜在蒸散量最大值出现在石炭井（1982 年，1404.9 mm），最小值出现在泾源（1989 年，814.03 mm）。宁夏近 40 年大部分地区年潜在蒸散量呈上升趋势，气候倾向率为 1.41～43.07 mm/10 a，大武口区、盐池、中宁、海原、贺兰、彭阳及平罗部分地区年潜在蒸散量呈下降趋势，气候倾向率为 −30.98～−0.96 mm/10 a，全区平均为 7.94 mm/10 a。近 40 年 80%保证率下年潜在蒸散量在 887.1～1278.3 mm，90%保证率下年潜在蒸散量在 886.3～1258.1 mm。

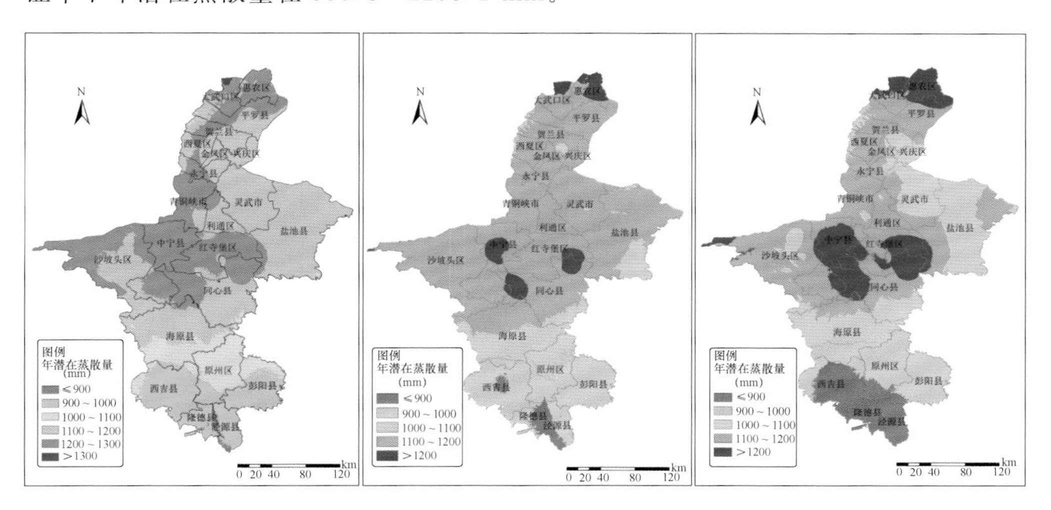

图 1-19　1981—2020 年年潜在蒸散量（ET_0）分布

（左：40 年平均 ET_0；中：80%保证率下 ET_0；右：90%保证率下 ET_0）

(2)生长季潜在蒸散量

1981—2020 年 40 年生长季平均潜在蒸散量在 612.8～960.7 mm，同一站点年际之间相差 42.0～81.6 mm。其中沙坡头区黄河流域北部、贺兰山东麓地带生长季平均潜在蒸散量大于 900 mm，灵武、利通区、红寺堡区大部、贺兰山高山区、中宁、盐池西部及同心西部生长季平均潜在蒸散量在 800～900 mm；同心、盐池东部、海原大部、原州区清水河流域生长季平均潜在蒸散量在 700～800 mm，六盘山所处的泾源、隆德、原州区南部及东部较高地势地区、彭阳高地势地区以及西吉生长季平均潜在蒸散量最低，在 700 mm 以下(图 1-20)。

生长季潜在蒸散量最大值出现在同心(2016 年，1094.8 mm)，最小值出现在隆德(1985 年，513.9 mm)。宁夏近 40 年大部分地区生长季潜在蒸散量呈上升趋势，气候倾向率为 3.83～50.40 mm/10 a，贺兰、石嘴山、陶乐及盐池生长季潜在蒸散量呈下降趋势，气候倾向率为－32.43～－4.61 mm/10 a，全区平均为－15.72 mm/10 a。近 40 年 80%保证率下年潜在蒸散量在 566.3～925.2 mm，90%保证率下年潜在蒸散量在 533.7～901.8 mm。

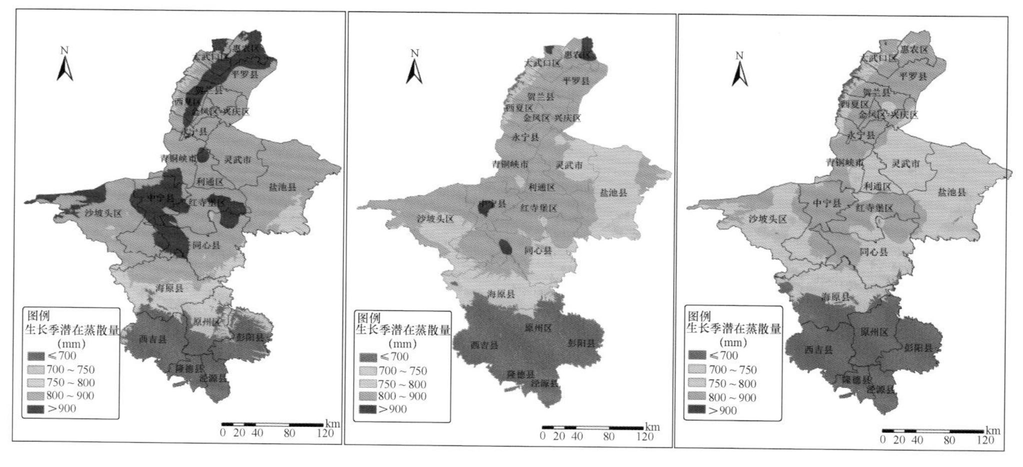

图 1-20　1981—2020 年生长季潜在蒸散量(ET_0)分布

(左：40 年平均 ET_0；中：80%保证率下 ET_0；右：90%保证率下 ET_0)

1.3.3　水面蒸发量

定义：蒸发是指水由液态或固态转变成气态，逸入大气中的过程。蒸发量是指在一定时段内，水分经蒸发而散布到空中的量，通常用蒸发掉的水层厚度表示，水面或土壤的水分蒸发量，分别用不同的蒸发器测定。一般温度越高、空气湿度越小、风速越大、气压越低，则蒸发量就越大；反之蒸发量就越小。土壤蒸发量和水面蒸发量的测定，在农业生产和水文工作中非常重要。雨量稀少、地下水源及流入径流水量不多的地区，如蒸发量很大，即易发生干旱。

(1)年水面蒸发量

1981—2020 年 40 年年平均水面蒸发量在 1245.3～2483.7 mm,同一站点年际之间相差 101.7～226.2 mm。其中,西吉、原州、隆德、泾源、彭阳年平均水面蒸发量在 1600 mm 以下。海原大部、银川、平罗、灵武部分地区年平均水面蒸发量在1600～1800 mm,贺兰山中北段、沙坡头南部、红寺堡东南部、同心年平均水面蒸发量在 2000 mm 以上(图 1-21)。

年水面蒸发量最大值出现在韦州(2006 年,2893.4 mm),最小值出现在隆德(2012 年,860.34 mm)。宁夏近 40 年中部及北部地区大部分年水面蒸发量呈上升趋势,气候倾向率为 20.19～248.35 mm/10 a,靠北部的贺兰、石嘴山、陶乐、东部的盐池以及大部分南部地区年水面蒸发量呈下降趋势,气候倾向率为－263.05～－4.84 mm/10 a,全区平均为－2.05 mm/10 a。近 40 年 80%保证率下年蒸发量在 1130.3～2389.5 mm,90%保证率下年蒸发量在 1074.7～2315.1 mm。

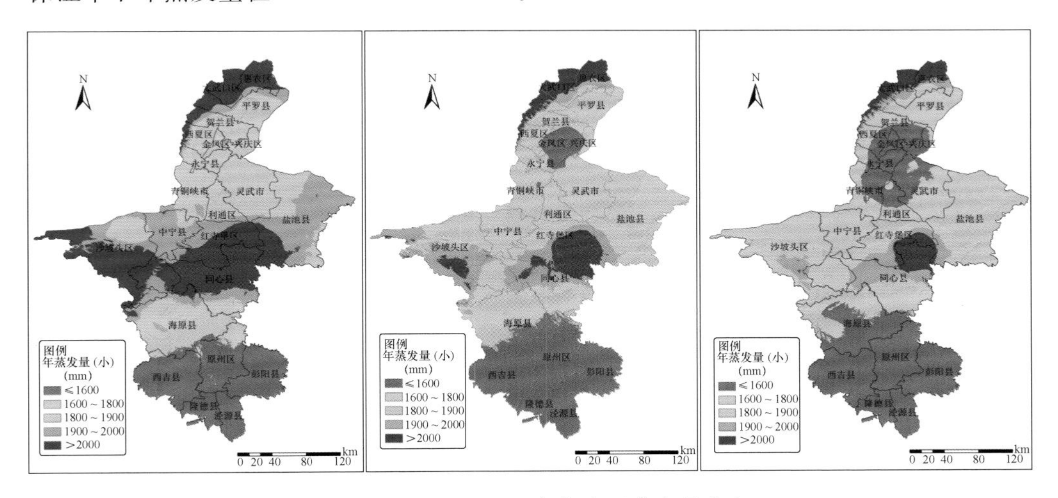

图 1-21　1981—2020 年年水面蒸发量分布

(左:40 年平均水面蒸发量;中:80%保证率下水面蒸发量;右:90%保证率下水面蒸发量)

(2)生长季水面蒸发量

1981—2020 年 40 年生长季平均水面蒸发量在 937.4～1996.8 mm,同一站点年际之间相差 84.5～266.6 mm。其中宁夏南部山区泾源、隆德、彭阳、原州区、西吉大部及海原东南部生长季平均水面蒸发量小于 1300 mm,海原大部、同心南部、灵武、青铜峡、银川生长季平均水面蒸发量在 1300～1500 mm;红寺堡区、盐池中部、灵武南部、中宁大部、沙坡头南部生长季平均水面蒸发量在 1500～1600 mm;沙坡头区、区寺堡、同心、贺兰山北段生长季平均水面蒸发量最大,在 1600 mm 以上(图 1-22)。

生长季平均水面蒸发量最大值出现在韦州(2006 年,2474.7 mm),最小值出现在隆德(2000 年,643.5 mm)。宁夏近 40 年北部及南部地区生长季平均水面蒸发量呈下降趋势，气候倾向率为－155.52～－2.65 mm/10 a，银川、永宁、平罗、青铜峡、中宁、红寺堡、同心、利通区、沙坡头区、泾源生长季平均水面蒸发量呈上升趋势，气候倾向率为1.40～234.44 mm/10 a，全区平均为9.30 mm/10 a。近40年80%保证率下生长季水面蒸发量在859.8～1881.8 mm，90%保证率下生长季水面蒸发量在814.66～1794.30 mm。

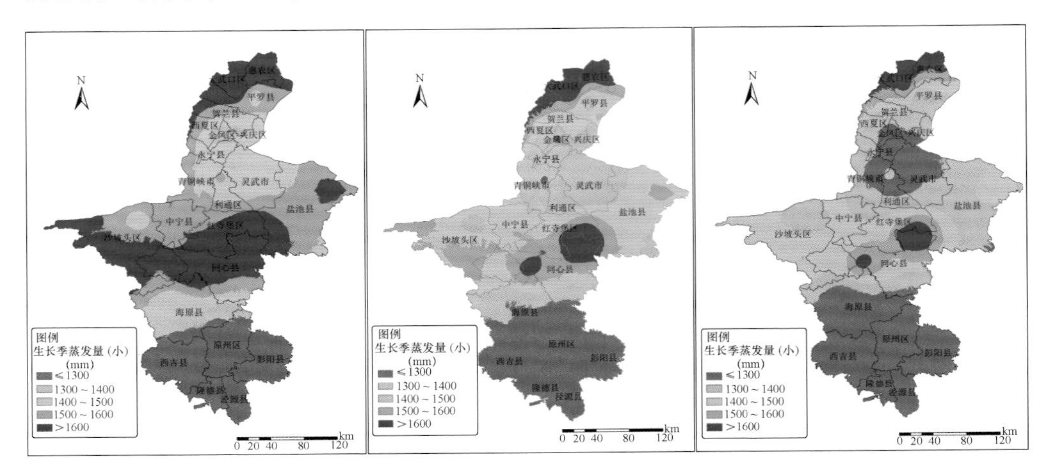

图1-22　1981—2020年生长季水面蒸发量分布

（左：40年平均水面蒸发量；中：80%保证率下水面蒸发量；右：90%保证率下水面蒸发量）

1.3.4　空气相对湿度

定义：指水在空气中的水汽压与同温度同压强下水的饱和水汽压的比值。湿空气的绝对湿度与相同温度下可能达到的最大绝对湿度之比。即湿空气中水蒸气分压力与相同温度下水的饱和压力之比。

1981—2020年40年年平均空气相对湿度在42.2%～65.1%，同一站点年际之间相差2.31%～4.85%。其中南部山区泾源、隆德、彭阳、原州区南部、西吉年平均空气相对湿度大于60%，宁夏中部地区平均空气相对湿度在50%～60%；宁夏北部地区平均空气相对湿度在45%～50%，贺兰山高山地区平均空气相对湿度最低，在45%以下（图1-23）。

年平均空气相对湿度最大值出现在西吉（1989年，71.5%），最小值出现在石炭井（2013年，36.5%）。宁夏近40年大部分地区年平均空气相对湿度呈下降趋势，气候倾向率为－3.50%/10 a～－0.16%/10 a，石嘴山、盐池及清水河流域的同心年平均空气相对湿度呈上升趋势，气候倾向率为0.23%～0.57%/10a，全区平均为0.98%/10 a。近40年80%保证率下年平均空气相对湿度在39.9%～62.7%，90%保证率下年平均空气相对湿度在39.0%～61.9%。

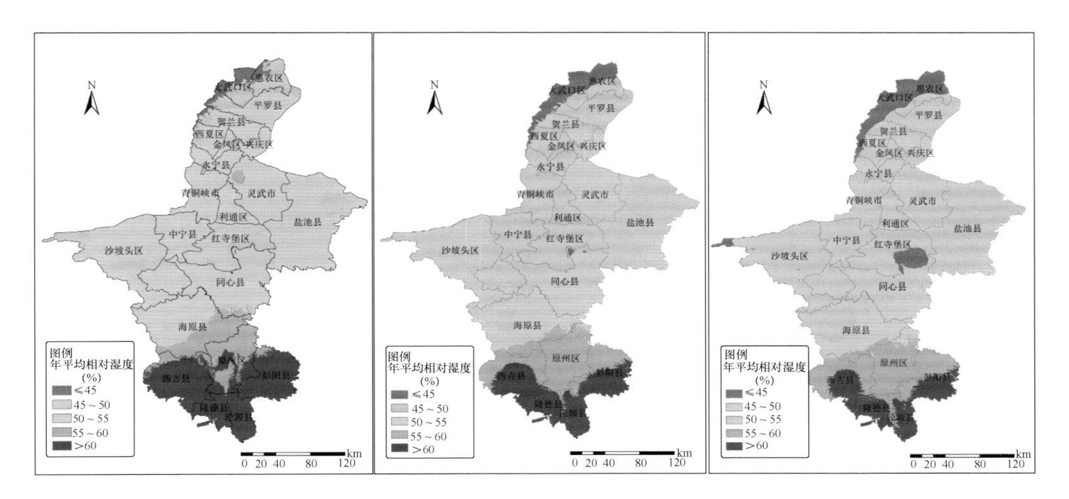

图 1-23　1981—2020 年年平均空气相对湿度分布
（左：40 年平均空气相对湿度；中：80％保证率下空气相对湿度；右：90％保证率下空气相对湿度）

1.3.5　湿润度指数

定义：相对湿润度指数（M）适用于作物生长季节的干旱监测和评估，由某时段内的降水量与同时段潜在蒸散量之差再除以同时段潜在蒸散量所得。

计算公式：

$$M=\frac{P-\mathrm{ET}_0}{\mathrm{ET}_0}$$

式中：M 为相对湿润度指数，P 为降水量（mm），ET_0 为潜在蒸散量（mm）。

（1）年相对湿润度指数

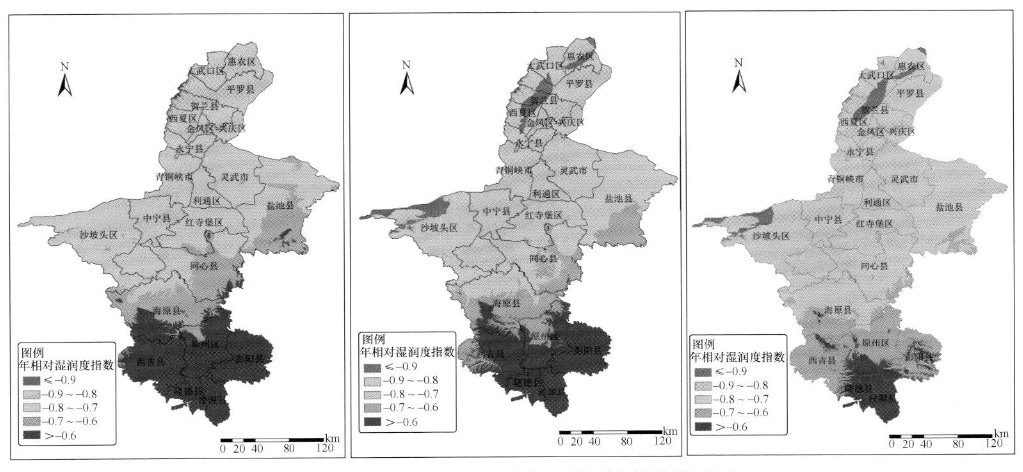

图 1-24　1981—2020 年相对湿润度指数分布
（左：40 年平均相对湿润度指数；中：80％保证率下相对湿润度指数；右：90％保证率下相对湿润度指数）

1981—2020 年 40 年年平均相对湿润度指数在−0.86～−0.30，同一站点年际之间平均相差 0.04～0.16。其中泾源、隆德、彭阳、原州区大部、海原南部年平均相对湿润度指数大于−0.60，海原大部、同心及盐池大部年平均相对湿润度指数在−0.70～−0.60；沙坡头南部、中宁南部、红寺堡、灵武、利通区南部、盐池北部及贺兰山区年平均相对湿润度指数处于−0.80～−0.70，石嘴山、银川、沙坡头区北部、利通区北部、中宁及青铜峡大部年平均相对湿润度指数在−0.90～−0.80，中卫北长滩年平均相对湿润度指数在−0.90 以下(图 1-24)。

年相对湿润度指数最大值出现在泾源(2019 年，0.104)，最小值现在中卫(2003 年，−0.95)。宁夏近 40 年年相对湿润度指数呈上升趋势，气候倾向率为−0.008～0.114/10 a，全区平均为 0.012/10 a。近 40 年 80%保证率下年相对湿润度指数在−0.90～−0.42，90%保证率下年相对湿润度指数在−0.92～−0.50。

(2)生长季相对湿润度指数

1981—2020 年 40 年生长季平均相对湿润度指数在−0.81～−0.06，同一站点年际之间平均相差 0.16～0.34。其中六盘山地区泾源、隆德、原州区南部生长季平均相对湿润度指数最大，大于−0.30，南部山区西吉、海原南部、原州区大部及彭阳、盐池麻黄山地区生长季平均相对湿润度指数在−0.45～−0.30；海原大部、同心中部及东部、盐池大部、红寺堡区南部生长季平均相对湿润度指数处于−0.55～−0.45，沙坡头南部、中宁南部、红寺堡、利通区、灵武、盐池、同心北部、贺兰山高山区生长季平均相对湿润度指数在−0.75～−0.55，宁夏平原黄灌区生长季平均相对湿润度指数在−0.75 以下(图 1-25)。

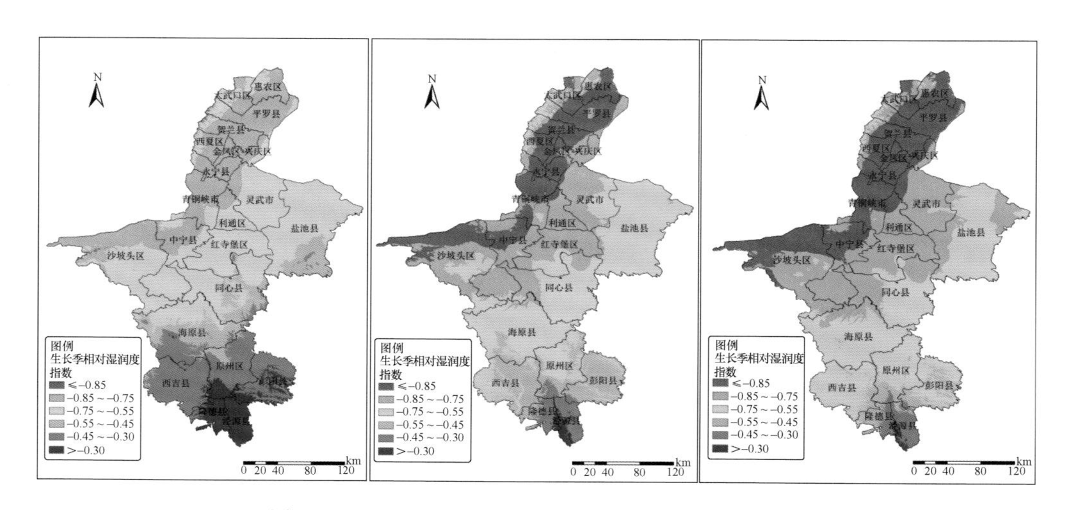

图 1-25　1981—2020 年生长季相对湿润度指数分布

(左:40 年生长季平均相对湿润度指数;中:80%保证率下相对湿润度指数;右:90%保证率下相对湿润度指数)

生长季相对湿润度指数最大值出现在泾源(2020 年,1.42),最小值出现在中卫(2005 年,−0.95)。宁夏近 40 年年相对湿润度指数呈上升趋势,气候倾向率为 0.022～0.291/10 a,全区平均为 0.052/10 a。近 40 年 80%保证率下年相对湿润度指数在−0.88～−0.30,90%保证率下年相对湿润度指数在−0.90～−0.34。

1.4 风资源

风是指地球大气由高压区向低压区的水平运动。

风通常是根据其强度(风速)和风吹来的方向(风向)来表示。阵风是短时间的高速风。持续长时间的风根据它们的平均强度有不同的名称,例如,微风、轻风、大风、台风等。

1.4.1 风速

定义:风速是指空气相对于地球某一固定地点的运动速率,常用单位是 m/s。风速没有等级,风力才有等级,风速是风力等级划分的依据。一般来讲,风速越大,风力等级越高,风的破坏性越大;风速受地面以上局部地貌和海拔的影响很大。地表越不平坦,靠近地面的风速被降低的程度越大,因此,地面附近的风速和远离地面的风速通常差别较大。

平均风速是指一定时段内,数次观测风速的平均值。平均风速又包括 10 min 平均风速和 2 min 平均风速。极大风速是给定时段内的瞬时风速的最大值,是个瞬时值。一天的极大风速是这一天内瞬时(一般是指 1 s)风速的最大值。

(1)10 min 平均风速

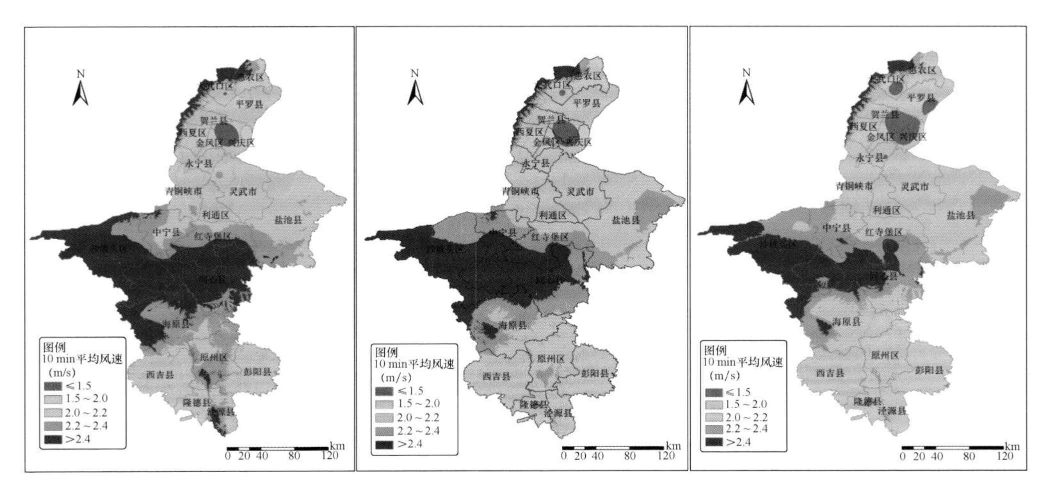

图 1-26 1981—2020 年 10 min 平均风速分布

(左:40 年 10 min 平均风速;中:80%保证率下 10 min 平均风速;右:90%保证率下 10 min 平均风速)

1981—2020年40年宁夏全境10 min平均风速为2.1 m/s，同心、石炭井、韦州的小部分以及贺兰山沿山地区40年平均值达3.0 m/s以上。石嘴山、银川、吴忠、青铜峡、隆德、西吉以及彭阳大部分地区10 min平均风速为1.5～2.0 m/s，而石嘴山西部、中宁北部、利通区南部、灵武南部、盐池大部10 min平均风速在2.0～2.2 m/s，沙坡头西南部、海原以及同心大部分地区10 min平均风速普遍在2.2～3.0 m/s（图1-26）。宁夏近40年10 min平均风速极值范围为0.2～5.0 m/s，极差为4.8 m/s。最大值出现在石炭井（2009年，5.0 m/s），最小值出现在惠农（2009年，0.2 m/s）；近40年80%和90%保证率下10 min平均风速均在0.8～3.0 m/s。

（2）2 min平均风速

1981—2020年40年宁夏2 min平均风速为2.4 m/s，石炭井、兴仁部分地区以及贺兰山沿山地区40年平均值达3.0 m/s以上。石嘴山、银川、吴忠、青铜峡的东部地区以及原州区、海原、同心部分地区、彭阳地区2 min平均风速范围为1.0～2.0 m/s，而石嘴山、中卫中部、同心、原州区、泾源、隆德部分地区以及海原东部2 min平均风速在2.0～2.5 m/s，石嘴山西部、沙坡头、海原西南部以及同心大部分地区2 min平均风速在2.5～3.0 m/s（图1-27）。宁夏近40年2 min平均风速总体呈下降趋势，气候倾向率为－0.4～0.2 m/s/10 a，全区平均为－0.1 m/s/10 a。宁夏近40年2 min平均风速极值范围为0.8～3.8 m/s，极差为3.0 m/s，最大值出现在泾源（1995年，3.8 m/s），最小值出现在贺兰（2017年，0.8 m/s）；近40年80%保证率下2 min平均风速在0.2～2.9 m/s，90%保证率下2 min平均风速在0.8～2.8 m/s。

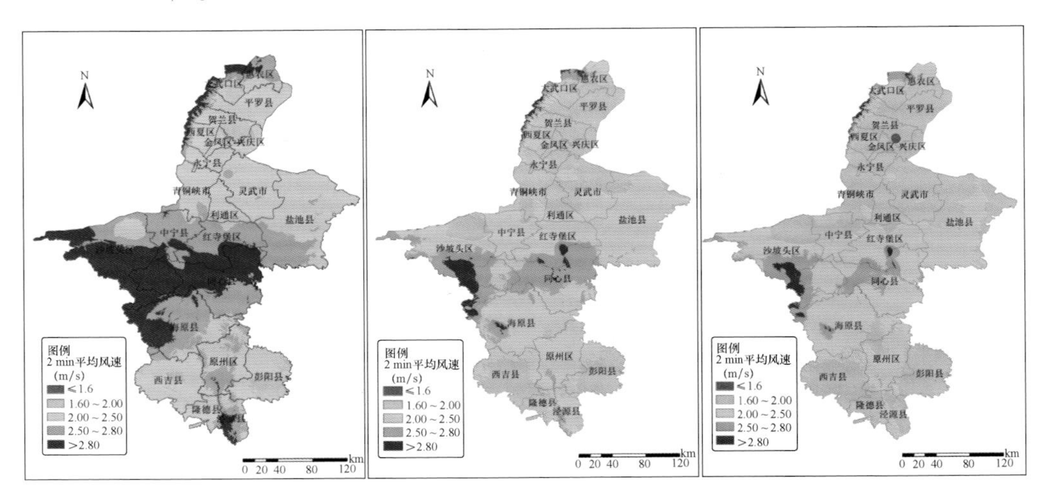

图1-27　1981—2020年2 min平均风速分布

（左：40年2 min平均风速；中：80%保证率下2 min平均风速；右：90%保证率下2 min平均风速）

(3)极大风速

1981—2020 年 40 年宁夏全区平均极大风速在 6.9～11.4 m/s,平均值为 9.1 m/s,石嘴山、银川、利通区、青铜峡、彭阳的大部分地区以及沙坡头、原州区、海原、西吉部分地区极大风速范围在 6.5～9.2 m/s,海原、同心、西吉、泾源、盐池部分地区以及石嘴山西部边缘地区极大风速在 9.2～9.8 m/s,而海原西部、六盘山地区、沙坡头南部及贺兰山沿山地区极大风速普遍在 9.8 m/s 以上(图 1-28)。宁夏近 40 年极大风速总体呈下降趋势,气候倾向率为－0.10～ 0.07 m/s/10 a,全区平均为－0.05 m/s/10 a。宁夏近 40 年极大风速极值范围为 4.7～12.1 m/s,极差为 7.4 m/s,最大值出现在惠农(1996 年,12.1 m/s),最小值出现在贺兰(2014 年,4.7 m/s);近 40 年 80％保证率下平均极大风速为 5.8～11.0 m/s,90％保证率下平均极大风速为5.7～10.8 m/s。

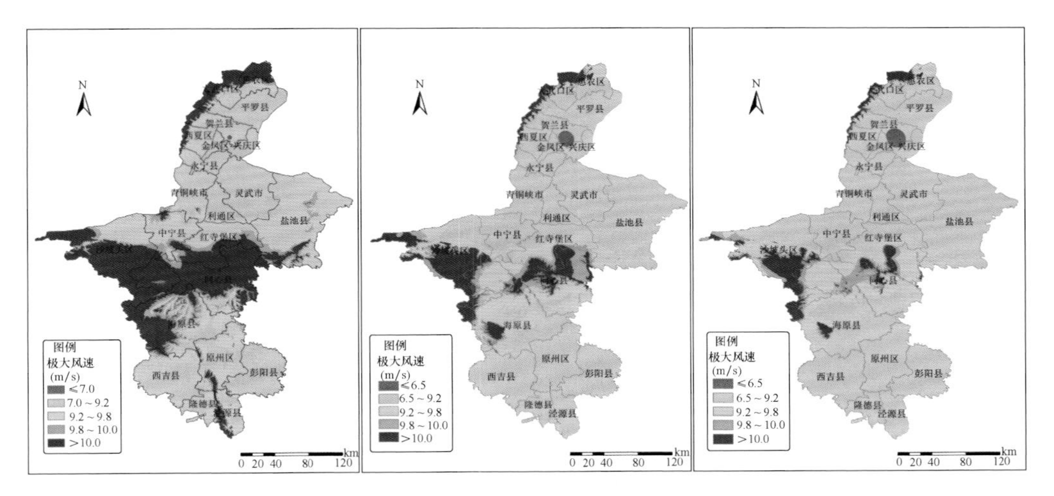

图 1-28　1981—2020 年极大风速分布

(左:40 年极大风速;中:80％保证率下极大风速;右:90％保证率下极大风速)

1.4.2　大风日数

定义:大风日数是风速大于某个值的日数。

确定方法:根据查阅文献资料以及结合气象部门的大风标准,确定极大风速≥17.2 m/s(8 级)为大风。

1981—2020 年 40 年平均大风日数为 11 d,同一站点年际之间相差各不相同,差值范围在 2.3～16.1 d。石嘴山北部、银川西北部、沙坡头、同心部分地区大风日数在 15 d 以上。石嘴山、银川、青铜峡、利通区、沙坡头、中宁、海原、盐池部分地区大风日数普遍在 11～13 d,盐池、同心、原州区、泾源、隆德部分及沙坡头、同心、红寺堡、海原、西吉大部地区大风日数在 7～11 d;大风日数最短的区域集中在南部丘陵地区如彭阳、隆德、西吉、原州区部分地区，大风日数在 7 d 以下(图 1-29)。宁夏近 40 年大风日数总体呈下降趋势，气候倾向率为－16.0～ 2.3 d/10 a，全区平均为－3.3 d/10 a。近 40 年 80％保证率下大风日数在 2～17 d，90％保证率下大风日数在 1～14 d。

宁夏大风日数持续 1～76 d，大风日数相差悬殊，极差高达 75 d。最大值出现在惠农(1996 年，76 d)，最小值分别出现在贺兰、吴忠、银川等平原地区和海原、原州区、西吉等丘陵山区，出现年份较多，最小值为 1 d。宁夏各地的大风均出现在冬季(11 月至翌年 2 月)。

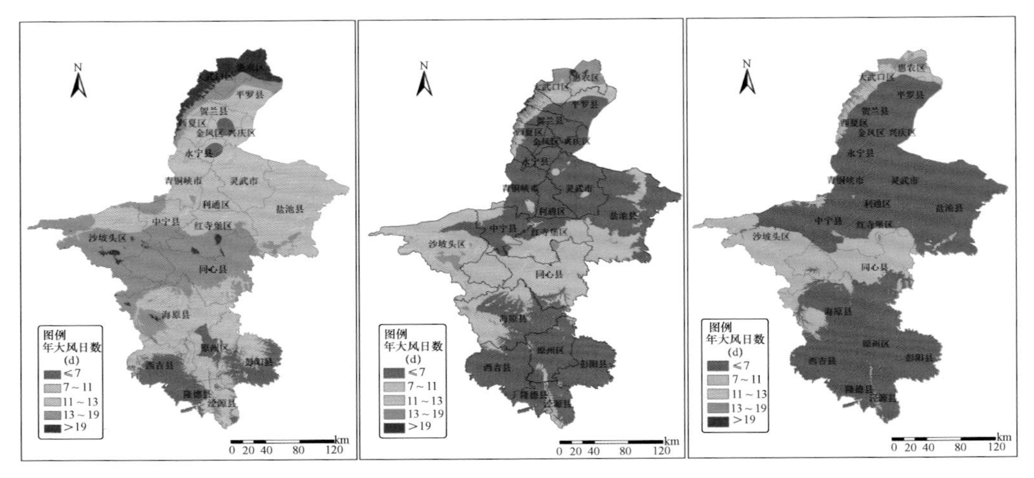

图 1-29　1981—2020 年大风日数分布

(左：40 年大风日数；中：80％保证率下大风日数；右：90％保证率下大风日数)

1.5　其他农业气候资源

1.5.1　水热系数(Hydrothermal coefficient，HC)

定义：苏联气象学家谢良尼诺夫首先提出水热系数的概念，它是指一个时段内降水量同活动积温比值的 10 倍，是湿润系数的一种，用以衡量一地湿润程度的指标。

计算公式：

$$\mathrm{HC}=\frac{\sum P}{0.1\times\sum Ta}$$

式中：HC 为水热系数；$\sum Ta$ 为≥10 ℃的日平均气温之和；$\sum P$ 为同期的降雨量。

著名学者达维塔娅在分析法国和世界著名葡萄产区后发现，葡萄浆果成熟期 HC<1.5，降水量小于 100 mm 是世界著名产地的共同特点。1981—2020 年 40 年宁夏平均 HC 在 0.43～2.16，水热系数变化较大，从极干燥区到湿润区都有。宁夏平原水热系数在 0.5 以下，这一带降水稀少，蒸发强烈，空气干燥，不利于葡萄病害的

发生发展，种植酿酒葡萄需要有灌溉水保障，在灌溉水保障的前提下，才能产出优质的酿酒葡萄原料。清水河流域、灵盐台地、红寺堡、中卫香山地区 HC 在 0.5～1.0，属于干燥区，这一带可能产出优质的酿酒葡萄，病虫害发生轻，但种植酿酒葡萄仍然需要有灌溉条件保障。盐池大部、同心、海原、西吉、原州区、彭阳这一带 HC 在1.0～1.6，降水量较多，属于半干旱区，尤其是 8—9 月降水较多，对葡萄正常成熟产生一定影响。隆德、泾源等六盘山阴湿区及月亮山、南华山等山地 HC 大于 1.6，降水量大，空气湿润，是酿酒葡萄的不适宜种植区（图 1-30）。HC 最小值出现在沙坡头区（2005 年，0.12），极度干燥，对葡萄叶片的光合作用产生明显影响，已不适合生产酿酒葡萄。最大值出现在泾源（2019 年，3.78）。宁夏近 40 年 HC 呈持平趋势，气候倾向率为－0.28～0.28/10 a，全区平均为 0.17/10 a。近 40 年 80%保证率下 HC 在 0.30～1.64，90%保证率下 HC 在 0.24～1.55。

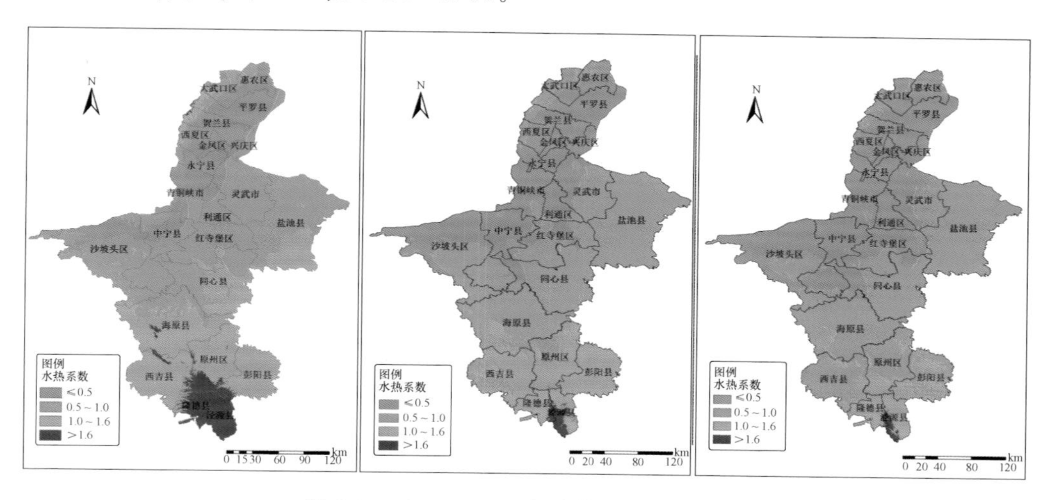

图 1-30　1981—2020 年水热系数空间分布

（左：40 年水热系数；中：80%保证率下水热系数；右：90%保证率下水热系数）

1.5.2　干燥度

定义：潜在蒸发量与降水量的比值。是表征气候干燥程度的指数，比值越大，表示气候越干燥；比值越小，气候越湿润。干燥度引用张宝堃等（1959）计算方法。

计算公式：

$$K = \frac{0.16 \times \sum T}{\sum P}$$

式中：K 为干燥度；$\sum T$ 为≥10 ℃的日平均气温之和；$\sum P$ 为同期的降水量（李华等，2009）。

1981—2020 年 40 年宁夏全区平均干燥度在 0.8～4.3，平均值为 1.8。如图 1-31 所示，在宁夏全区范围内干燥度从南至北逐渐增大，干燥度与降水量成反比关系，所以干燥度的变化趋势与降水量相反。干燥度最大区域在引黄灌区北部和中部，40 年平均值已超过 4.0；中部干旱区、同心、海原、盐池部分地区干燥度在 2.5～4.0；盐池、同心大部以及海原部分地区干燥度为 1.5～2.5；南部黄土丘陵地区以及六盘山地区干燥度在 1.5 以下(图 1-31)。宁夏近 40 年干燥度总体呈平稳变化趋势，气候倾向率为－0.4～0.1/10 a，全区平均为－0.1/10 a。近 40 年 80%保证率下干燥度在 0.6～3.0，90%保证率下干燥度在 0.5～2.7。其中，宁夏干燥度南北差异悬殊，相差范围在 0.4～13.7，南北差值为 13.3；干燥度最大值在中卫(2005 年，13.7)，最小值在泾源(2019 年，0.4)。

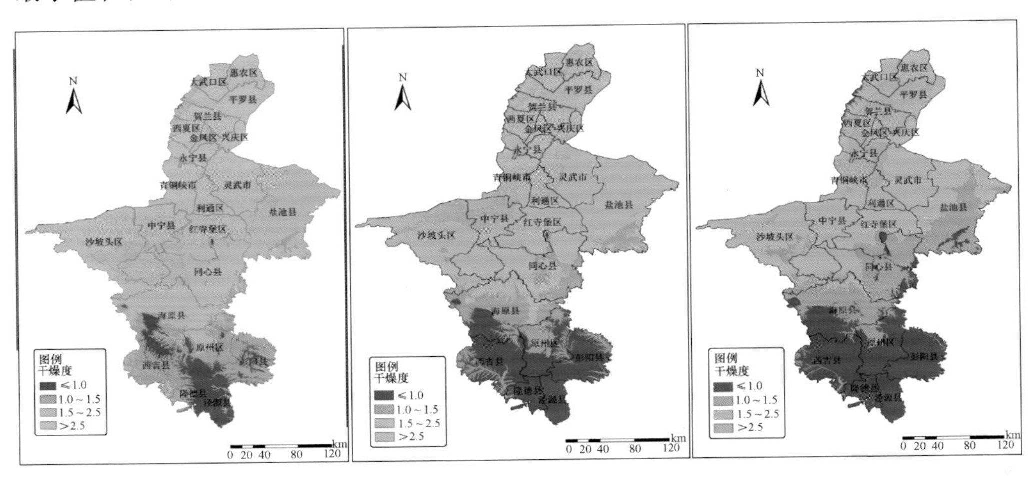

图 1-31　1981—2020 年干燥度分布

(左：40 年干燥度；中：80%保证率下干燥度；右：90%保证率下干燥度)

1.5.3　水热值(Water Heating Value，WHV)

定义：葡萄生长期各月平均气温与月降水量的乘积之和。它反映了一个地区雨热同季的程度。

计算公式：

$$\mathrm{WHV} = \sum P \cdot T$$

式中：WHV 为水热值；T 为葡萄生长期 4—9 月各月的平均气温(℃)；P 为葡萄生长期4—9 月各月的降雨量(mm)。

意大利学者 Falcetti(1994)在分析意大利 Trentin 地区 1958 年以来各年的葡萄酒质量、水热值和有效积温的关系时发现：当有效积温＞1451 ℃·d 时，水热值＜3000可以生产出顶级的葡萄酒；水热值在 3000～4000 时，可以生产出优质的葡萄酒；水热值在 4000～5000 时，可以生产出优良的葡萄酒；水热值在＞5000 时，只能生产出品质一般的佐餐葡萄酒。1981—2020 年 40 年宁夏平均水热值在 3216～8176，变化幅度较大。宁夏平原的大武口、贺兰、中卫沙坡头区水热值＜3000，这一带降水稀少，热量适中，空气干燥，种植酿酒葡萄有灌溉水保障，能生产出优质的葡萄原料，有些年份能生产出顶级的葡萄酒。宁夏平原的其他地区，水热值在 3000～4000，能生产出优质的葡萄原料，大部分年份能出产优良的葡萄酒，有的年份能生产出顶级葡萄酒。灵武、利通区南部、红寺堡、同心西部和中卫南部，水热值在 4000～5000，能生产出良好的葡萄原料，大部分年份能生产出良好的葡萄酒。盐池、同心、海原及以南的区域，水热值＞5000，只能生产出一般的葡萄原料，难以出产优质葡萄酒（图 1-32）。水热值最小值出现在沙坡头区（2005 年，792），年度降水量过少，也不利于葡萄正常生长。最大值出现在泾源（2018 年，13612）。宁夏近 40 年水热值除同心略有减少外，其他地区呈增加趋势，气候倾向率为 42.5～1702.0/10 a，水热值变化最剧烈的是彭阳，在 2018—2019 年水热值均超过 11000。全区平均水热值气候倾向率为 280/10 a。近 40 年 80％保证率下水热值在 2280～6558，90％保证率下水热值在 1760～6298。

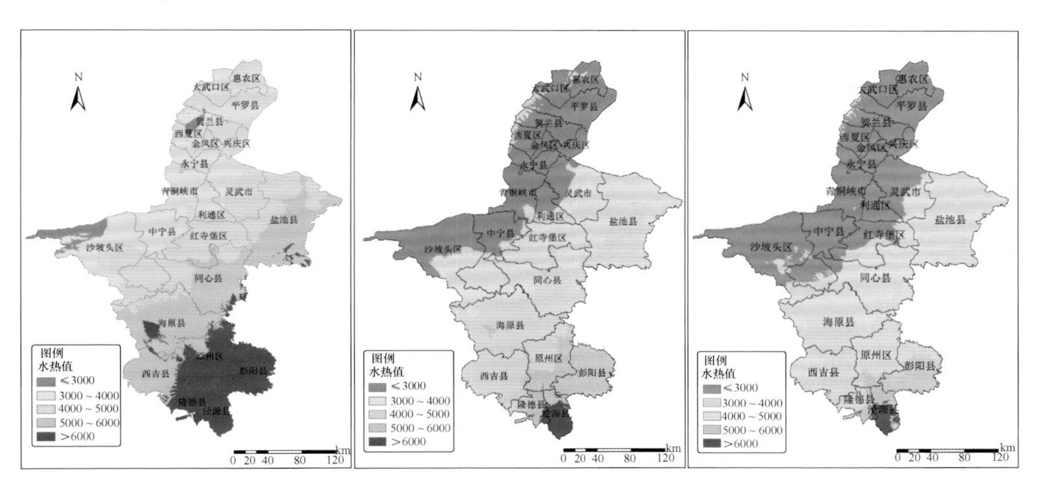

图 1-32　1981—2020 年水热值空间分布

（左：40 年水热值；中：80％保证率下水热值；右：90％保证率下水热值）

第2章 宁夏农业气象灾害风险区划

2.1 小麦灾害

2.1.1 干热风

(1)区划指标

见表2-1。

表2-1 春小麦干热风风险区划指标

致灾因子	统计时段	成灾等级	致灾指标	灾损系数
14时湿度(%)	6月10日至7月10日	轻	≤30	0.3
		中	≤25	0.5
		重	≤25	1.0
14时风速(m/s)		轻	≥2	0.3
		中	≥3	0.5
		重	≥3	1.0
14时气温(℃)		轻	≥32	0.3
		中	≥33	0.5
		重	≥34	1.0

(2)分区及评述

小麦乳熟—蜡熟(6月10日至7月10日)是小麦干热风的高发期,据研究,宁夏灌区和中部扬黄灌区多晴热天气,在高温、低湿,有一定风力作用下,干热风有不同程度的发生。

高风险区:主要分布在石嘴山、银川、吴忠三市及中卫市的中宁、沙坡头区北部和东南部以及海原的东部(图2-1)。这些地区6月中下旬至7月上旬多年平均最高气温达到34 ℃,空气湿度低于25%,风速大于3 m/s,轻度干热风每年发生1~3次,中度干热风每5年发生1~2次,重度干热风每10年发生1~2次。

中风险区:主要分布在青铜峡、灵武、盐池北部、沙坡头区、海原北部及彭阳东部,这些地区6月中下旬至7月上旬多年平均最高气温达到33 ℃,空气湿度低于25%,风速大于3 m/s,干热风1~2年一遇。轻度干热风每5年发生1~3次,中度干热风约5年发生1次,重度干热风约10年发生1次。

低风险区:主要分布在中卫香山地区、海原西南部和彭阳大部,这些地区6月中下旬至7月上旬多年平均最高气温达到32 ℃,空气湿度低于30%,风速大于2 m/s,

干热风1～2 年一遇。

无风险区：固原市的原州区、西吉、隆德和泾源均为无风险区。

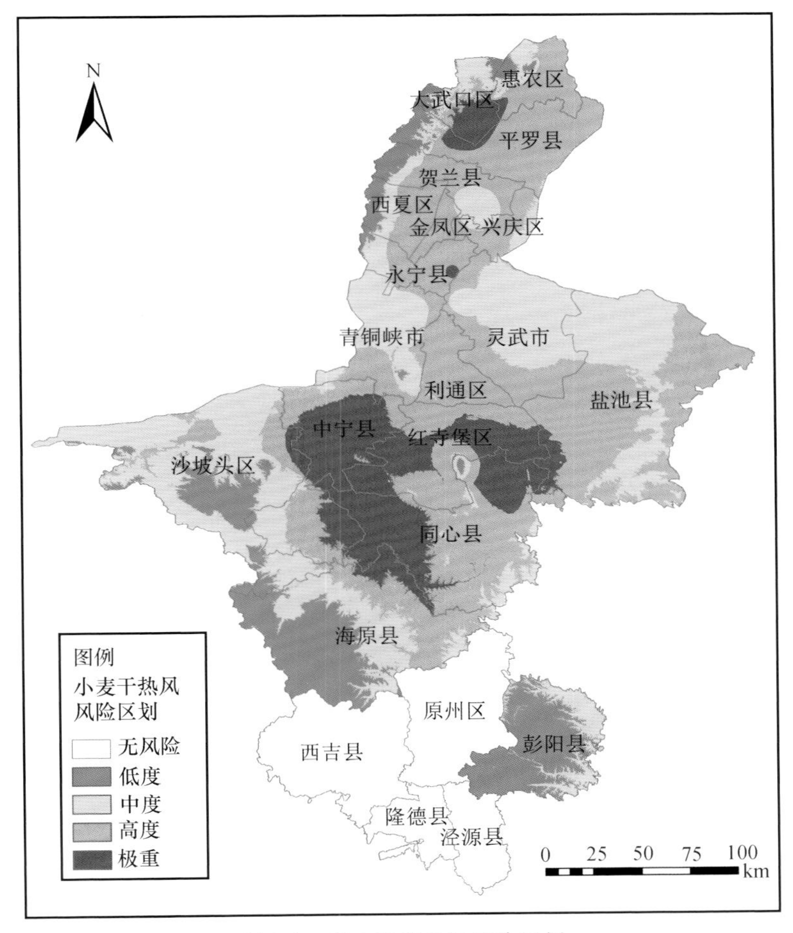

图 2-1 春小麦干热风风险区划

2.1.2 越冬冻害

(1)区划指标

见表 2-2。

表 2-2 小麦越冬冻害风险区划指标

致灾因子	统计时段	成灾等级	致灾指标	灾损系数
日最低气温 T_{min}(℃)	12 月下旬至翌年 2 月中旬	轻	−7.0～−8.0	0.3
		中	−8.0～−9.0	0.5
		重	<−9.0	1.0

(2)分区及评述

小麦越冬期间(12 月下旬至翌年 2 月中旬)持续低温(多次出现强寒流)或越冬期间因天气反常造成冻融交替而形成的小麦冻害。一般分为冬季长寒型和交替冻融型两种类型。

高风险区:主要分布于平罗东部、盐池东部、沙坡头区南部—海原西南部—西吉—原州区南部—隆德东部—泾源西部一带(图 2-2),这一地区 1 月日最低气温小于 −15 ℃,轻度越冬冻害每 10 年发生 1 次,中度越冬冻害每 13 年发生 1 次,重度越冬冻害每 4~6 年发生 1 次。

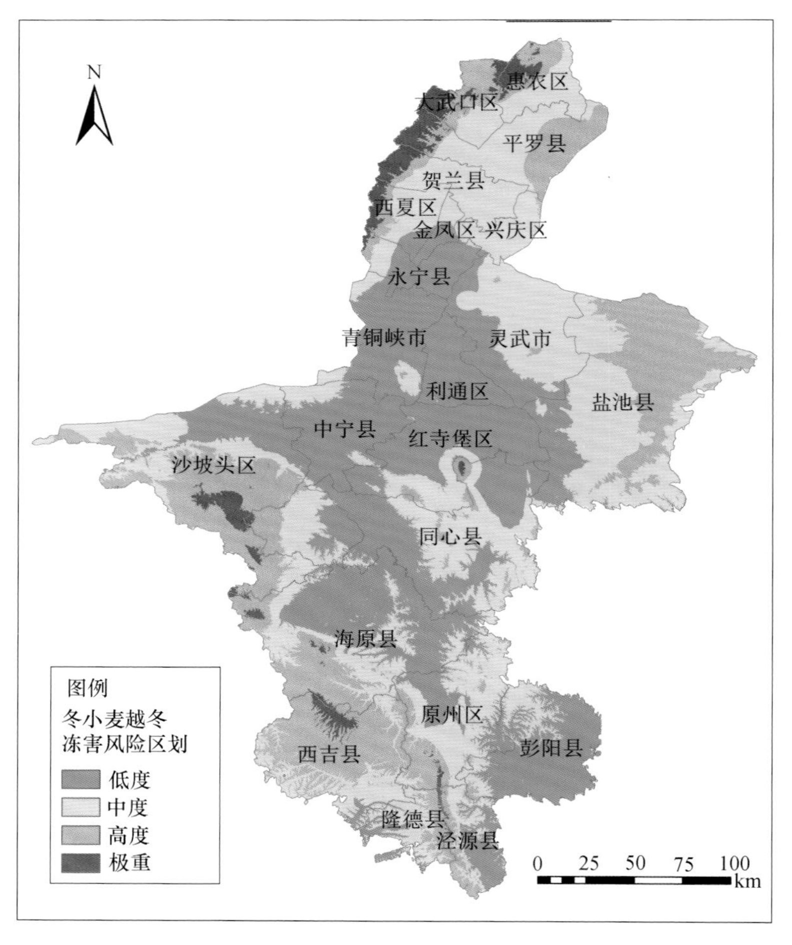

图 2-2　冬小麦越冬冻害风险区划

中风险区:主要分布在银川以北地区、灵武及在盐池西南部、红寺堡南部、同心中东部、沙坡头区东南部、原州区大部、西吉南部、隆德大部以及泾源西部,这一地区 1 月日最低气温介于 −15~−14 ℃。轻度越冬冻害每 13 年发生 1 次,中度越冬冻害每 13～15 年发生 1 次，重度越冬冻害每 4～6 年发生 1 次。

低风险区：主要分布在永宁、青铜峡、利通区、红寺堡北部、同心东北部、中宁北部、泾源东部、彭阳及清水河流域一带。这一地区 1 月日最低气温介于－14～－13 ℃。轻度越冬冻害每 10～13 年发生 1 次，中度越冬冻害每 13 年发生 1 次，重度越冬冻害每 4～6 年发生 1 次。

2.2 玉米灾害

霜　冻

(1)区划指标

见表 2-3。

表 2-3　玉米霜冻灾害风险区划指标

致灾因子	统计时段	成灾等级	致灾指标	灾损系数
日最低气温 T_{min}(℃)	4—5 月	轻	－2.0～－1.0	0.3
		中	－3.0～－2.0	0.5
		重	<－3.0	1.0

(2)分区及评述

霜冻，是一种较为常见的农业气象灾害，是指空气温度突然下降，地表温度骤降到 0 ℃以下，使农作物受到损害，甚至死亡的现象。霜冻按照出现的季节，可分为春霜冻和秋霜冻。每年秋季第一次出现霜的日期称初霜日，初霜日到生长季结束期间出现的霜冻称早霜冻或秋霜冻。翌年春季最后一次出现霜的日期称终霜日，生长季开始到终霜日之间出现的霜冻称晚霜冻或春霜冻。玉米苗期(4—5 月)易遭受晚霜冻危害。

高风险区：主要分布在盐池—红寺堡—同心东北部一带、海原—西吉—隆德—泾源一带、原州区西南部及沙坡头区南部(图 2-3)。这一地区 4—5 月日最低气温小于－3 ℃。轻度霜冻每 2～3 年发生 1 次，中度霜冻每 2～3 年发生 1 次，重度霜冻每 1～2 年发生 1 次。

中风险区：主要分布在灵武、盐池西部—红寺堡区北部和西南部—同心一带以及沙坡头区南部—海原东部—原州区东部—彭阳一带，这一地区 4—5 月日最低气温介于－3～－2 ℃。轻度霜冻每 3～5 年发生 1 次，中度霜冻每 4～6 年发生 1 次，重度霜冻每 1～3 年发生 1 次。

低风险区：主要分布在灌区和清水河一带，这一地区 4—5 月日最低气温介于－3～－2 ℃。轻度霜冻每 3～5 年发生 1 次，中度霜冻每 4～7 年发生 1 次，重度霜冻每3～5 年发生 1 次。

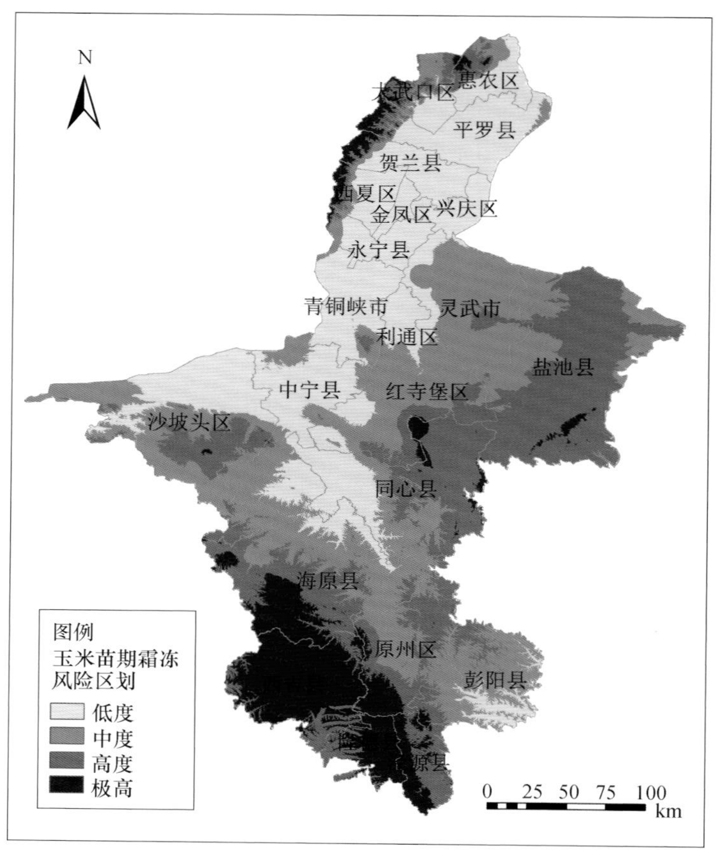

图 2-3 玉米苗期霜冻风险区划

2.3 水稻灾害

2.3.1 低温冷害

(1)区划指标

见表 2-4。

表 2-4 水稻低温灾害风险区划指标

致灾因子	统计时段	成灾等级	致灾指标	灾损系数
≥10 ℃积温(℃・d)	8月1日至9月10日	轻	821～840	0.3
		中	781～820	0.5
		重	≤780	1.0

注:水稻种植须有灌溉条件保障。

(2)分区及评述

水稻灌浆期(8 月 1 日至 9 月 10 日)是延迟型冷害的高发期,据研究,宁夏灌区由于长期阴雨或突然降温,造成气温低于作物正常生长所需的温度,影响水稻灌浆,被称为"夏季低温"或"8 月低温"。

中风险区:主要分布在中宁西部、利通区南部局部及红寺堡区北部局部等地(图 2-4)。轻度低温冷害每 10 年发生 1~2 次,中度低温冷害每 5 年发生 1~2 次,重度低温冷害每 100 年发生 7 次以下。

低风险区:主要分布在惠农区南部、大武口区南部、平罗中东部、贺兰中东部、银川中部、永宁中东部、青铜峡中东部、利通区中北部、灵武西部、中宁中部、沙坡头区东部等地。轻度低温冷害每 10 年发生 1~3 次,中度低温冷害每 10 年发生 1~2 次,重度低温冷害每 20 年发生 1 次。

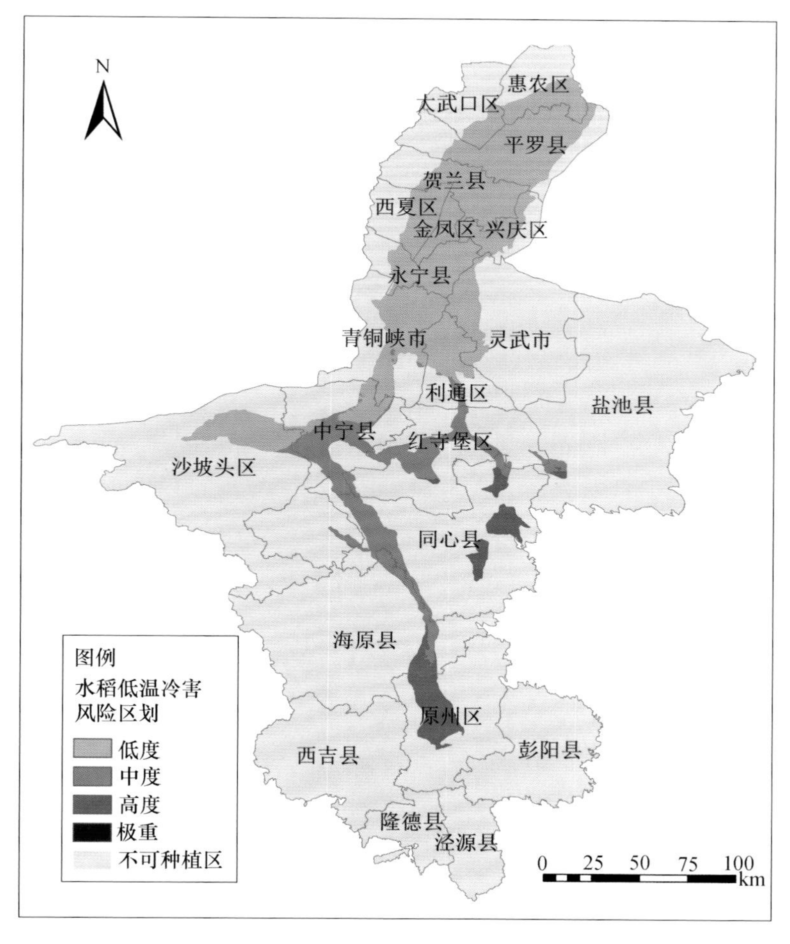

图 2-4 水稻低温冷害风险区划

2.3.2 稻瘟病

(1)区划指标

见表 2-5。

表 2-5 水稻稻瘟病风险区划指标

致灾因子	统计时段	成灾等级	致灾指标	灾损系数
日照时数，降水量	6—8 月（拔节—抽穗期）	轻	连续 2 d 日照时数<3h；连续 2 d 日降水量>5mm	0.3
		中	连续 3 d 日照时数<3h；连续 3 d 日降水量>5mm	0.5
		重	连续 4 d 或 4 d 以上日照时数<3h；连续 4 d 或 4 d 以上日降水量>5mm	1.0

(2)分区及评述

水稻拔节—抽穗(6—8 月)是稻瘟病的高发期，据研究，宁夏灌区在高湿、寡照的天气条件下，稻瘟病有不同程度的发生。

中风险区：主要发生在红寺堡北部、固海扬黄灌区(图 2-5)，轻度稻瘟病每 5 年发生 2～3 次，中度稻瘟病每 10 年发生 2 次以下，重度稻瘟病每 100 年发生 2 次。

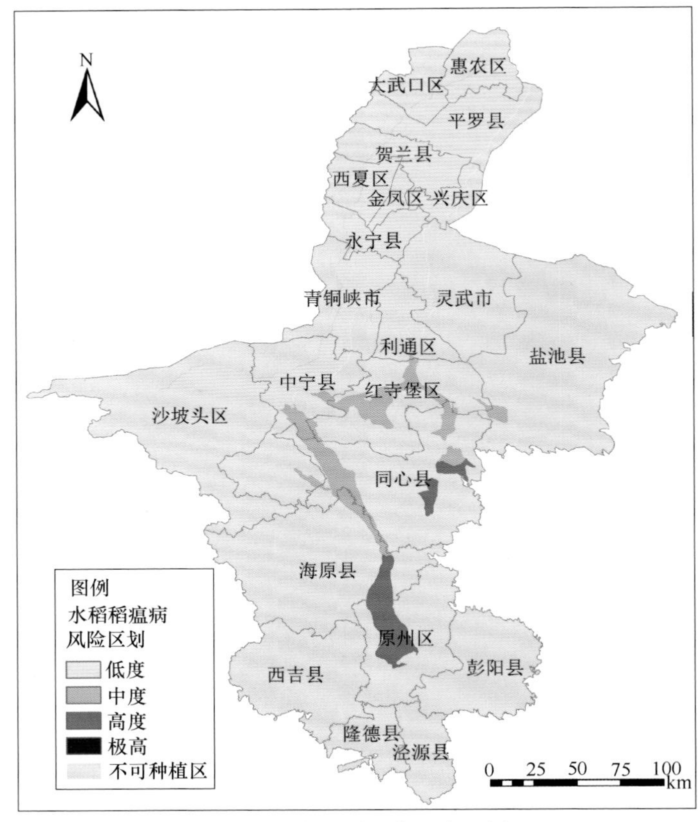

图 2-5 水稻稻瘟病风险区划

低风险区：主要包括惠农南部、大武口南部、平罗中部、贺兰中东部、银川中部、永宁中东部、青铜峡中东部、利通区中北部、灵武西部、中宁中部、沙坡头区东部等地。轻度稻瘟病每10年发生1～5次，中度稻瘟病每100年发生7次，重度稻瘟病每100年发生2次。

2.4 马铃薯灾害

2.4.1 热害

(1)区划指标

见表2-6。

表2-6 马铃薯热害风险区划指标

致灾因子	统计时段	成灾等级	致灾指标	灾损系数
日最高气温 T_{max}(℃)	7月上旬至8月上旬	轻	$21.1 \leq T_{max} < 26.6$	0.3
		中	$26.6 \leq T_{max} < 29.4$	0.5
		重	≥ 29.4	1.0

(2)分区及评述

7月上旬至8月上旬正值马铃薯的开花期，这一时期最高气温>21.1℃将导致块茎生长受到抑制。

极高风险区：主要分布在惠农大部、大武口区大部、平罗大部、贺兰大部、银川大部、永宁大部、灵武中西部、青铜峡大部、利通区大部、中宁大部、沙坡头区北部、盐池东部等地(图2-6)。这一带轻度热害每10年发生1次以下，中度热害每10年发生1～3次，重度热害每10年发生5～7次。

高风险区：主要包括灵武中东部、盐池大部、红寺堡大部、沙坡头区中部、中宁南部、同心西部、海原北部等地。轻度热害每10年发生2～3次，中度热害每10年发生2～3次，重度热害每10年发生2～4次。

中风险区：主要包括贺兰山沿山、沙坡头区南部、海原中部、同心中东部、盐池南部局部、原州区中北部、彭阳大部、西吉南部等地，轻度热害每10年发生4～5次，中度热害每10年发生2～3次，重度热害每10年发生1次以下。

低风险区：主要包括海原南部、西吉东部、隆德西南部、泾源大部等地。轻度热害每5年发生3次，中度热害每10年发生1～3次，重度热害每100年发生1次。

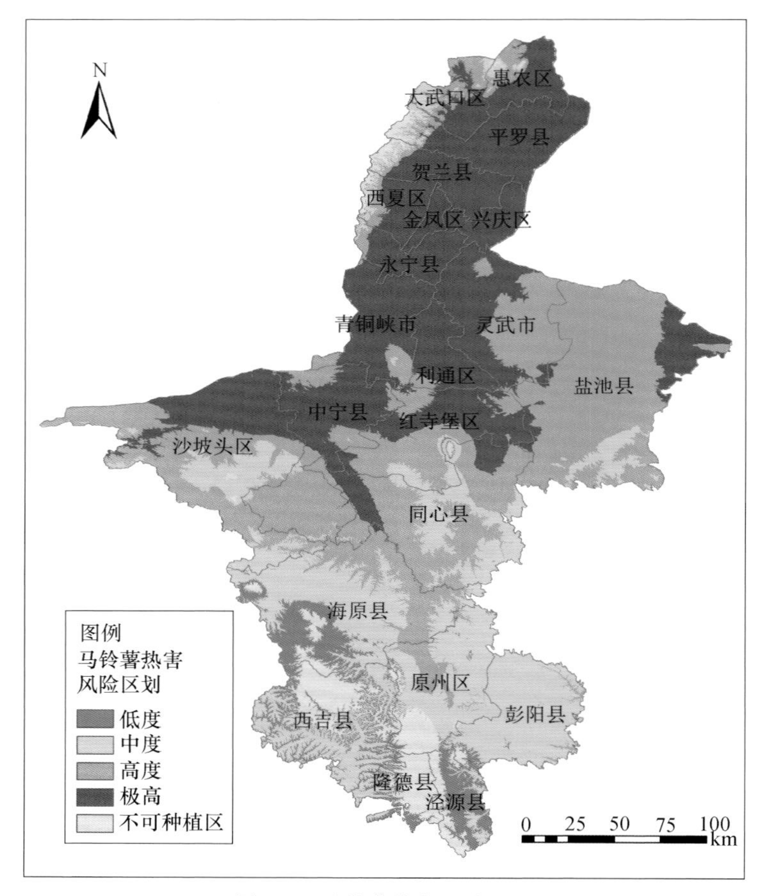

图 2-6 马铃薯热害风险区划

2.4.2 晚疫病

(1)区划指标

见表 2-7。

表 2-7 马铃薯晚疫病风险区划指标

致灾因子	统计时段	成灾等级	致灾指标	灾损系数
日空气相对湿度 RH(%)	7月上旬至8月上旬	轻	80≤RH≤85	0.3
		中	85≤RH≤90	0.5
		重	RH>90	1.0
日平均气温 T (℃)		轻	$10<T\leq13$ 或 $24<T\leq30$	0.3
		中	$13<T\leq16$ 或 $20<T\leq24$	0.5
		重	$16<T\leq20$	1.0

(2)分区及评述

马铃薯晚疫病是发生最普遍、危害最大的一种病害，它是由疫霉引起的真菌病，易导致马铃薯茎叶死亡和块茎腐烂，是一种毁灭性病害。7月上旬至8月上旬正值马铃薯的开花期，据研究，马铃薯晚疫病的发生发展和气候条件有很大的关系。

极高风险区：主要包括彭阳大部、隆德南部等地(图2-7)。轻度晚疫病每5年发生4次以下，中度晚疫病每年发生2～4次，重度晚疫病每年发生2～3次。

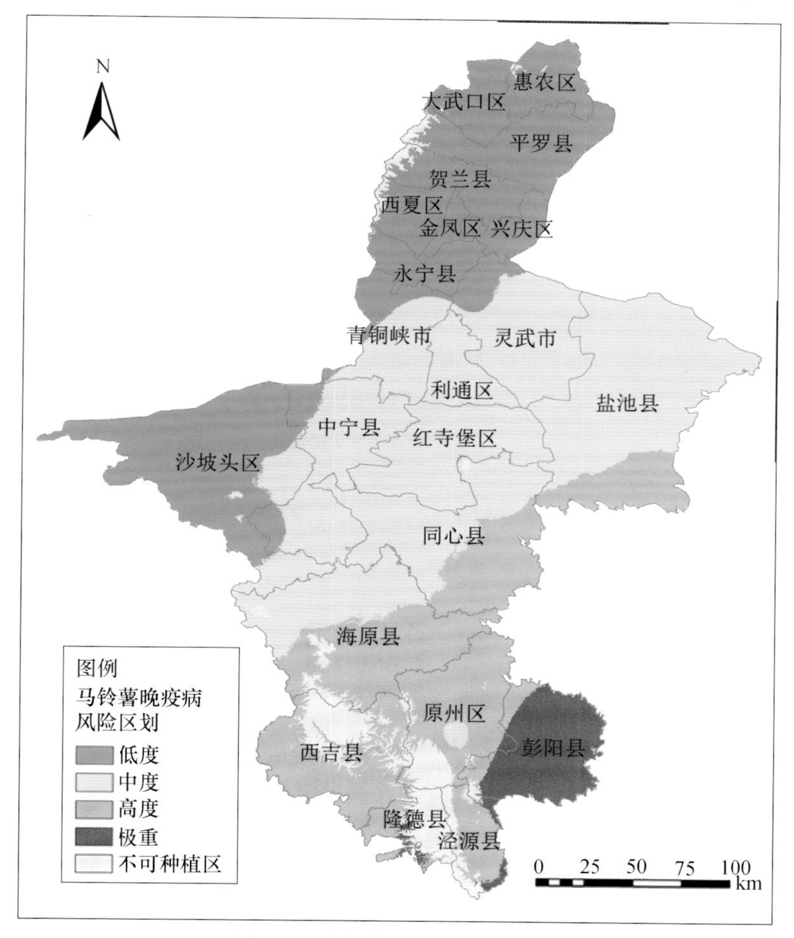

图2-7 马铃薯晚疫病风险区划

高风险区：主要包括盐池南部、同心东南部、海原中南部、原州区大部、西吉大部、隆德西部、泾源大部等地。轻度晚疫病每5年发生2～8次，中度晚疫病每年发生2～3次，重度晚疫病每5年发生2～5次。

中风险区：主要包括灵武大部、青铜峡大部、利通区、中宁、沙坡头区东部、红寺堡、盐池大部、同心西北部、海原北部等地，轻度晚疫病每10年发生1～3次，中度晚疫病每年发生1～2次，重度晚疫病每5年发生2～5次。

低风险区：主要包括惠农、石嘴山、平罗、贺兰、银川、永宁、青铜峡北部、灵武西北部、沙坡头区大部等地。轻度晚疫病每 100 年发生 12 次以下，中度晚疫病每 5 年发生 1～5 次，重度晚疫病每 5 年发生 1～4 次。

2.5 枸杞灾害

2.5.1 炭疽病

(1)区划指标

见表 2-8。

表 2-8 枸杞炭疽病风险区划指标

致灾因子	统计时段	成灾等级	致灾指标	灾损系数
日平均气温(℃)	7—9 月	轻	16.0～30.0	0.3
		中	18.0～30.0	0.5
		重	20.0～30.0	1.0
日降水量(mm)	7—9 月	轻	5.0～10.0	0.3
		中	10.0～20.0	0.5
		重	>20.0	1.0
日平均相对湿度(%)	7—9 月	轻	RH≥60	0.3
		中	RH≥70	0.5
		重	RH≥75	1.0

(2)分区及评述

枸杞炭疽病又称黑果病，是由胶孢炭疽菌引起的枸杞真菌病害，主要危害嫩枝、叶、蕾、花、果实等，是枸杞的主要病害之一，在全国枸杞产区均有不同程度发生，严重影响枸杞的产量和品质(张磊 等,2007;马力文 等,2009)。参考曹雯等对枸杞炭疽病发生发展的气象指标研究结果(曹雯 等,2019)，结合实际情况，选取 7—9 月日平均气温、日降水量和日平均相对湿度作为灾害指标(表 2-8)，制作枸杞炭疽病灾害风险区划图(图 2-8)。

极高风险区：主要包括惠农、平罗、银川、青铜峡、灵武、利通区、中宁、红寺堡东北部、盐池和同心清水河流域和彭阳等地。这一带出现降水时，日平均气温相对其他区域高，故发生炭疽病的风险较高。轻度炭疽病每年发生 2～4 次，中度炭疽病每年发生 1～2 次，重度炭疽病每 10 年发生 3～7 次。

高风险区：主要包括沙坡头东北部、中宁大部、红寺堡南部和西部、兴仁、同心、原州区等地，轻度炭疽病每年发生 2～3 次，中度炭疽病每年发生 1 次左右，重度炭疽病每 10 年发生 2～5 次。

中风险区：主要包括沙坡头部分地区、兴仁西部、海原西北部等。轻度炭疽病每年发生 2～3 次，中度炭疽病每 10 年发生 6～7 次，重度炭疽病每 100 年发生 3～15 次。

低风险区：主要包括贺兰山沿山、中卫香山、海原西华山沿山等高海拔地区，多属于沿山交界处，出现降水时温度普遍较低，是炭疽病发生风险相对较低的区域。

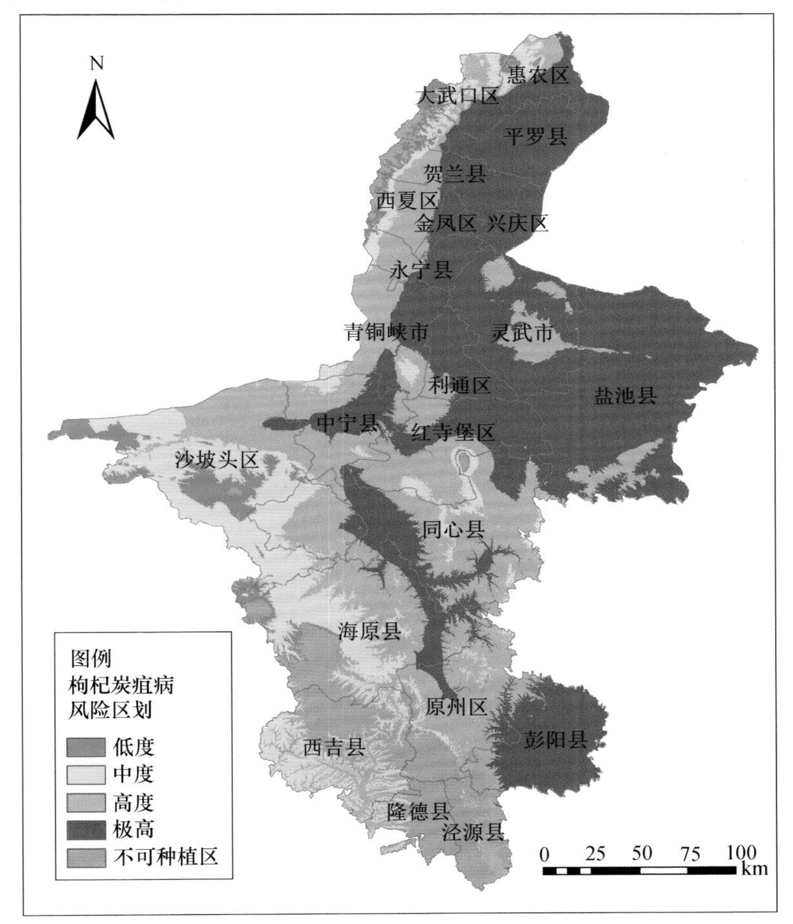

图 2-8 枸杞炭疽病风险区划

2.5.2 晚霜冻

(1)区划指标

见表 2-9。

表 2-9 枸杞晚霜冻风险区划指标

致灾因子	统计时段	成灾等级	致灾指标	灾损系数
日最低气温 T_{min}（℃）	4—5 月	轻	$-3.0<T_{min}<-1.0$	0.3
		中	$-5.0<T_{min}\leqslant-3.0$	0.5
		重	$T_{min}\leqslant-5.0$	1.0

(2)分区及评述

霜冻是威胁宁夏枸杞产业发展的主要气象灾害之一，据统计，气候变化背景下宁夏枸杞终霜冻日以 2.1 d/10 a 的速率提前，且阶段性变化特征明显(郭晓雷 等，2019)。因此，引入霜冻灾害风险评估，可为指导枸杞生产，加强风险管理提供理论依据。参考段晓凤等(2020)对宁夏枸杞花期霜冻指标研究结果，选定 4—5 月日最低气温作为霜冻致灾因子(表 2-9)，制作枸杞霜冻灾害风险区划图(图 2-9)。

极高风险区：主要包括贺兰山沿山、中卫香山、海原西华山和南华山、西吉、隆德和泾源等地。大部地区处于山区，海拔高，地形复杂，热量不足，晚霜冻风险高，属于枸杞不可种植区。

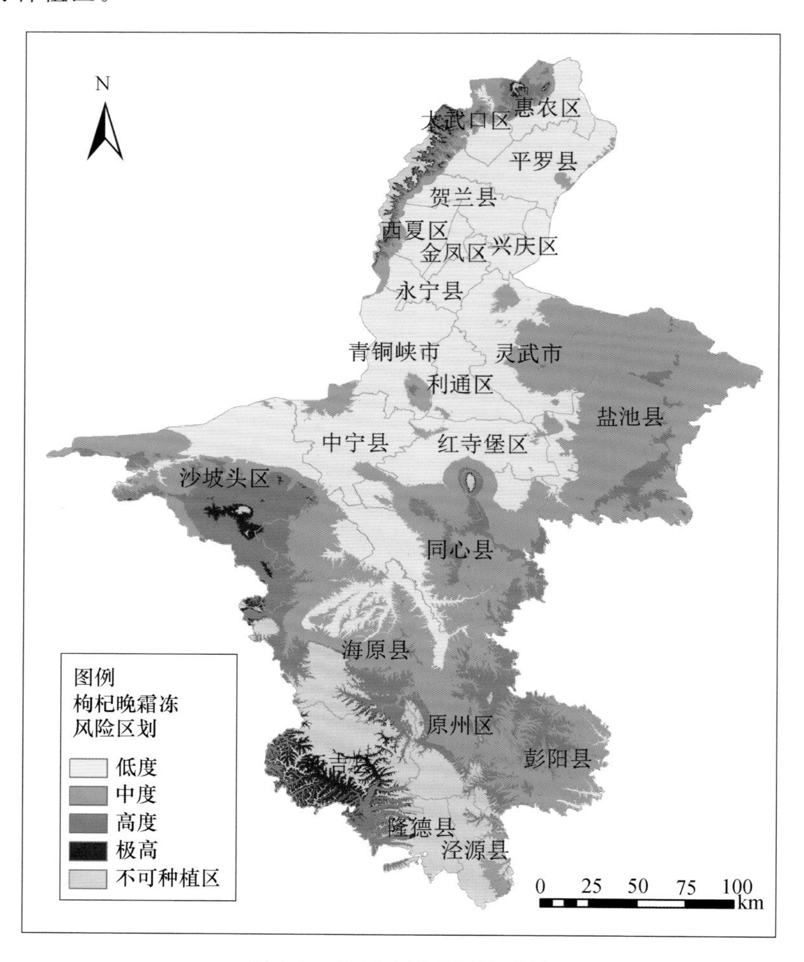

图 2-9　枸杞晚霜冻风险区划

高风险区：主要包括中卫香山、同心部分地区、原州区东北部、彭阳部分地区。该地区海拔相对高，枸杞发生晚霜冻风险较高。其中，轻度霜冻每 10 年发生 8～17

次，中度霜冻每 20 年发生 6～10 次，重度霜冻每 100 年发生 2～15 次。

中风险区：主要包括贺兰山沿山、灵武中东部、盐池大部、红寺堡南部、兴仁大部、海原大部、同心大部、原州区、彭阳，这一带受海拔、地形等因素影响，较容易发生枸杞晚霜冻。该区域轻度霜冻每 10 年发生 5～8 次，中度霜冻每 20 年发生3～5 次，重度霜冻发生风险较低，每 100 年发生次数不超过 8 次。

低风险区：主要包括惠农、平罗、中宁、中卫东北部、同心清水河谷地，这一带地形平坦，水资源丰富，热量条件适中，枸杞发生晚霜冻风险较低。轻度霜冻每 10 年发生 1～4 次，中度霜冻每 50 年发生次数不超过 6 次，重度霜冻每 100 年发生次数不超过 3 次。

2.6 酿酒葡萄灾害

2.6.1 越冬冻害风险等级

(1)区划指标

见表 2-10。

表 2-10 酿酒葡萄越冬冻害风险区划指标

致灾因子	统计时段	成灾等级	致灾指标	灾损系数
日最低气温 T_a（℃）	12 月至翌年 2 月	轻	$-22<T_a\leqslant-18$	0.3
		中	$-24<T_a\leqslant-22$	0.5
		重	$T_a<-24$	1.0

(2)分区及评述

极高风险区：主要分布在石炭井、大武口、惠农一些山间平地(图 2-10)，由于土层瘠薄，又处于风口，轻度冻害天数每年达到 8～10 d，中度冻害 1 年 1 遇，重度冻害 2 年 1 遇，这些地区葡萄越冬冻害极易发生(因盐池、沙坡头不是葡萄产区，忽略这两个地区，后同)。

高风险区：主要分布在盐池中北部、惠农区、陶乐北部、贺兰山沿山高海拔区域，这一带受毛乌素沙地、土壤湿度低、纬度偏北影响，轻度冻害天数每年达到 5～10 d，中度冻害每 2 年 1～2 遇，重度冻害每 2～3 年 1～2 遇，这些地区葡萄越冬冻害极易发生。另外兴仁、盐池等处于北风和西风口上的地区，冬季气温也很低，葡萄越冬冻害会偏重发生，重度越冬冻害发生频率为 1 年 1 遇。这些地区葡萄越冬冻害易发生。

中风险区：主要包括平罗、贺兰、银川、永宁沿山、灵武、盐池西部、罗山高海拔区域，这一带位置偏东、偏北，土壤湿度低，轻度冻害天数每年达到 3～5 d，中度冻害每 3 年 2 遇，重度冻害每 5～7 年 1 遇，这些地区葡萄越冬冻害较少发生。

低风险区：主要包括永宁、青铜峡、利通区、中宁、中卫、同心清水河谷地，这一带是宁夏冬季高温中心，冬季地温高，发生葡萄越冬冻害的概率低，轻度冻害天数每年2～4 d，中度冻害每 2～3 年 1 遇，重度冻害每 8～10 年 1 遇，这些地区葡萄越冬冻害很少发生。

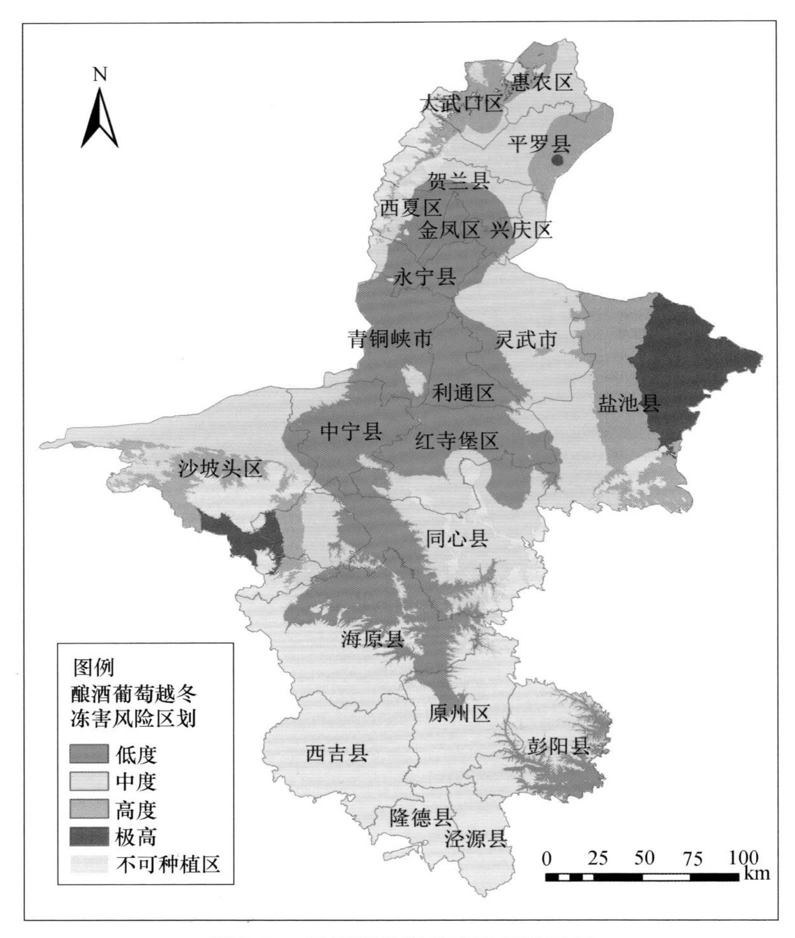

图 2-10 酿酒葡萄越冬冻害风险区划

2.6.2 晚霜冻

(1)区划指标

见表 2-11。

表 2-11 酿酒葡萄晚霜冻风险区划指标

致灾因子	统计时段	成灾等级	致灾指标	灾损系数
日最低气温(℃)	4 月 10 日至 5 月 31 日	轻	≤−1.0	0.3
		中	−3.0～−1.0	0.5
		重	<−3.0	1.0

(2)分区及评述

高风险区:主要分布在泾源、隆德、西吉、原州区、兴仁、盐池麻黄山、罗山南部、中卫香山等地，基本属于葡萄不可种植区（图 2-11）。这一带海拔高，春季受复杂地形影响，很容易造成冷空气堆积形成霜冻。轻度霜冻每年发生 4～6 次，中度霜冻每年发生 2～3 次，重度霜冻每年发生 1～2 次。

中风险区：主要包括盐池、灵武东部、红寺堡、中宁长山头、同心、海原部分地区以及贺兰山沿山的一些风口区域，这一带受毛乌素沙地、海拔偏高、风口、土壤湿度低等因素影响，较容易发生霜冻。轻度霜冻每年发生 2～3 次，中度霜冻每年发生1～2 次，重度霜冻每 2 年发生 1～2 次。

低风险区：主要包括惠农、平罗、银川、永宁、青铜峡、利通区、中宁、中卫、同心清水河谷地，这一带受贺兰山高大山体阻挡，地形平坦开阔，加上灌溉绿洲小气候影响，春季不易发生霜冻，是葡萄霜冻发生风险相对较低的区域。轻度霜冻每年发生 1～2 次，中度霜冻每 3 年发生 1～2 次，重度霜冻每 5 年发生 1～2 次。

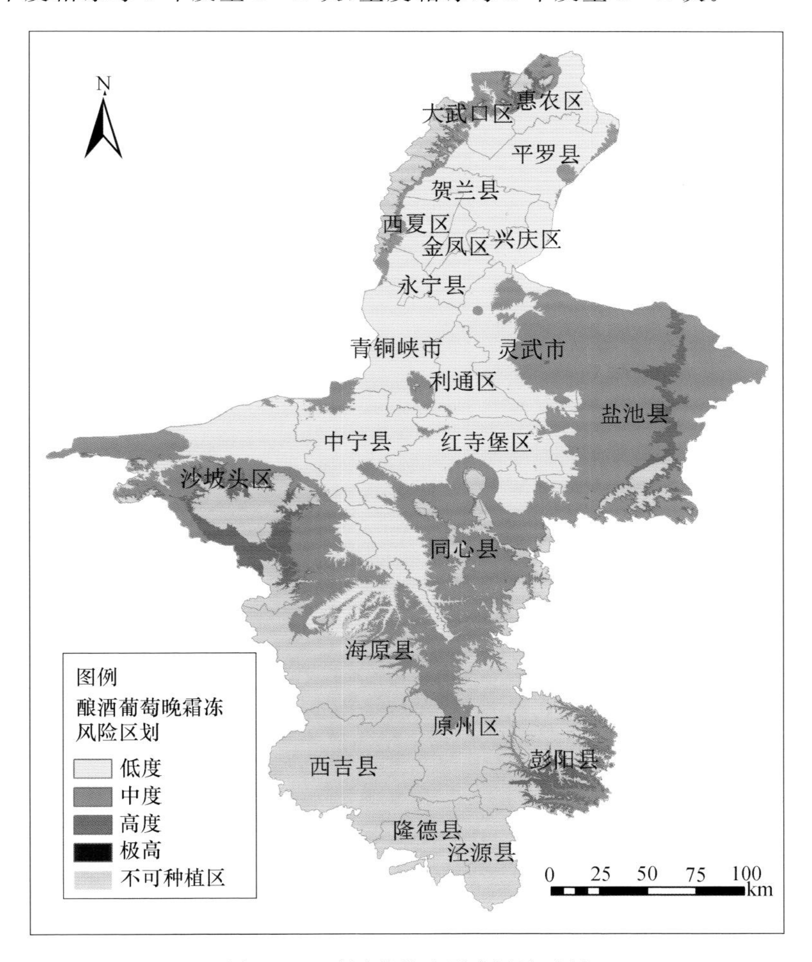

图 2-11　酿酒葡萄晚霜冻风险区划

2.6.3 连阴雨

(1)区划指标

见表 2-12。

表 2-12 酿酒葡萄连阴雨灾害风险区划指标

致灾因子	统计时段	成灾等级	致灾指标	灾损系数
连阴雨日数 D(d)(降水量大于 0.1 mm)	6 月 1 日至 10 月 20 日	轻	$D \leqslant 3.0$	0.3
		中	$3.0 < D \leqslant 6.0$	0.5
		重	$D > 6.0$	1.0

(2)分区及评述

极高风险区:主要分布在泾源、隆德、原州区、西吉、彭阳等地,基本属于葡萄不可种植区。这一带年降水量在 400 mm 以上,气候冷凉阴湿,连阴雨多。轻度连阴雨每年发生 2～3 次,中度连阴雨每年发生 2～3 次,重度连阴雨每年发生 1～3 次。

高风险区:主要分布在盐池麻黄山、同心东南、海原、原州区北部等地,基本属于葡萄不适宜种植区(图 2-12)。这一带年降水量 300～400 mm,连阴雨较多。轻度连阴雨每年发生 2 次,中度连阴雨每年发生 1～2 次,重度连阴雨每 2 年发生 1～2 次。

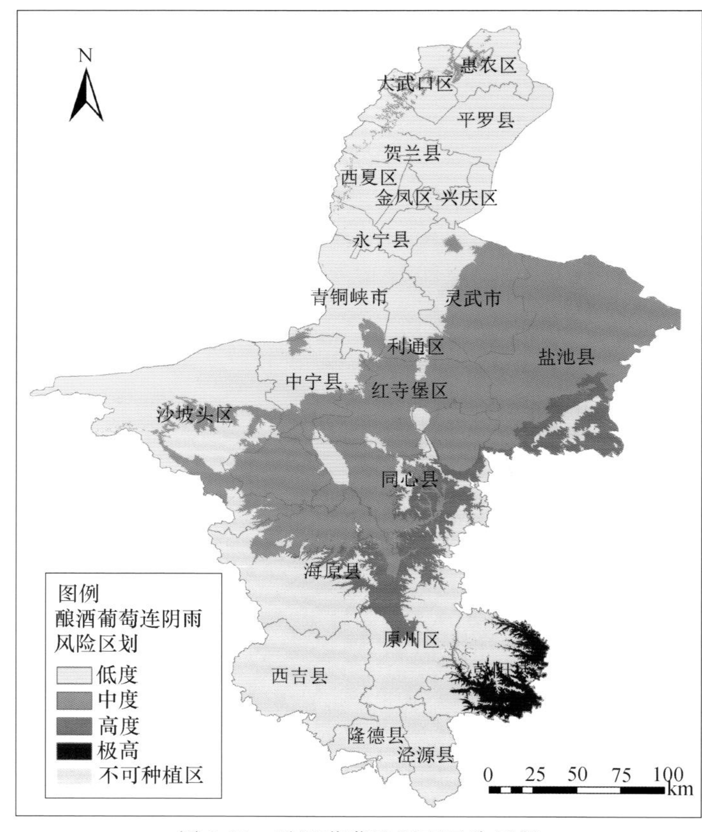

图 2-12 酿酒葡萄连阴雨风险区划

中风险区：主要包括灵武、利通区南部红寺堡、中宁南部、中卫香山等地，这一带年降水量200～300 mm，降水稀少，连阴雨较少。轻度连阴雨2年发生3次，中度连阴雨3年发生2～3次，重度连阴雨3～5年发生1次。

低风险区：主要包括惠农、平罗、贺兰、银川、永宁、青铜峡、利通区、中宁、中卫等地，这一带年降水量150～250 mm，降水稀少，连阴雨很少。轻度连阴雨2年发生2～3次，中度连阴雨5年发生2～4次，重度连阴雨3～8年发生1次。

2.6.4 大风灾害

(1)区划指标

见表2-13。

表2-13 葡萄大风灾害风险区划指标

致灾因子	统计时段	成灾等级	致灾指标	灾损系数
日极大风速V(m/s)	4月10日至10月20日	轻	$10.8<V\leqslant 13.9$	0.3
		中	$13.9<V\leqslant 17.1$	0.5
		重	$V>17.2$	1.0

(2)分区及评述

极高风险区：主要分布在贺兰山北端和中卫香山、同心一带。基本属于葡萄不适宜区或不可种植区(图2-13)。这一带因海拔和地理位置的因素，常年风力较大。六级大风每年发生6～12天次，七级大风每年发生10～22天次，八级大风每年发生5～12天次。

高风险区：主要分布在大武口、惠农、中宁、沙坡头区、红寺堡、同心等地，这一带种植有较多的酿酒葡萄。六级大风每年发生3～5天次，七级大风每年发生5～10天次，八级大风每年发生1～5天次。

中风险区：主要包括贺兰山沿山地带，这一带基本属于葡萄优良种植区。另外还有平罗、利通区南部、红寺堡北部、盐池等这一带酿酒葡萄种植很少。六级大风每年发生2～4天次，七级大风每年发生3～6天次，八级大风每年发生1～2天次。

低风险区：主要包括引黄灌区腹地的贺兰、银川、永宁、青铜峡、灵武、利通区北部等地，这一带受贺兰山阻挡，很少有六级以上大风，对葡萄正常生长影响较小。另外还包括原州区北部、彭阳等地，属于葡萄的不适宜种植区。

2.6.5 冰雹灾害

分区评述：冰雹的源地与激发区主要分布在贺兰山上，沿西北—东南方向冰雹主要路径有8条，基本覆盖银川平原的惠农、平罗、贺兰、永宁、青铜峡等地，位于贺兰

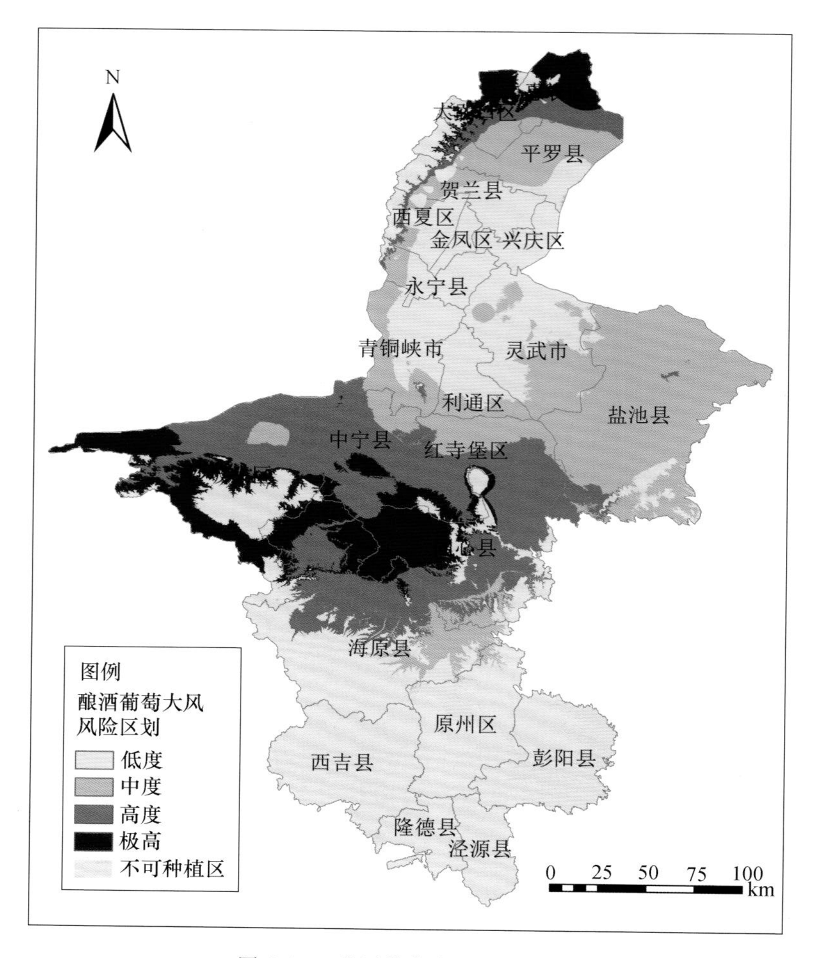

图 2-13　酿酒葡萄大风风险区划

口源地的冰雹主要影响金山产区；位于大口子源地的冰雹主要影响镇北堡产区；位于高石墩源地的冰雹主要影响闽宁镇和玉泉营。另外，在灵武口子沟附近也分布有冰雹的激发区，一路影响下游的冯记沟、高沙窝、麻黄山等地。位于青铜峡茇茇沟源地的冰雹主要影响中宁的太阳梁乡和渠口农场，另外一条路径则主要影响白马乡和孙家滩。卫宁平原上的冰雹源地位于宁蒙边界的白盐池附近，沿着常乐、喊叫水一线向清水河流域移动(图 2-14)。总体上离源地(激发区)越近受冰雹影响越大，离冰雹路径越远，遭受冰雹灾害的风险越小。

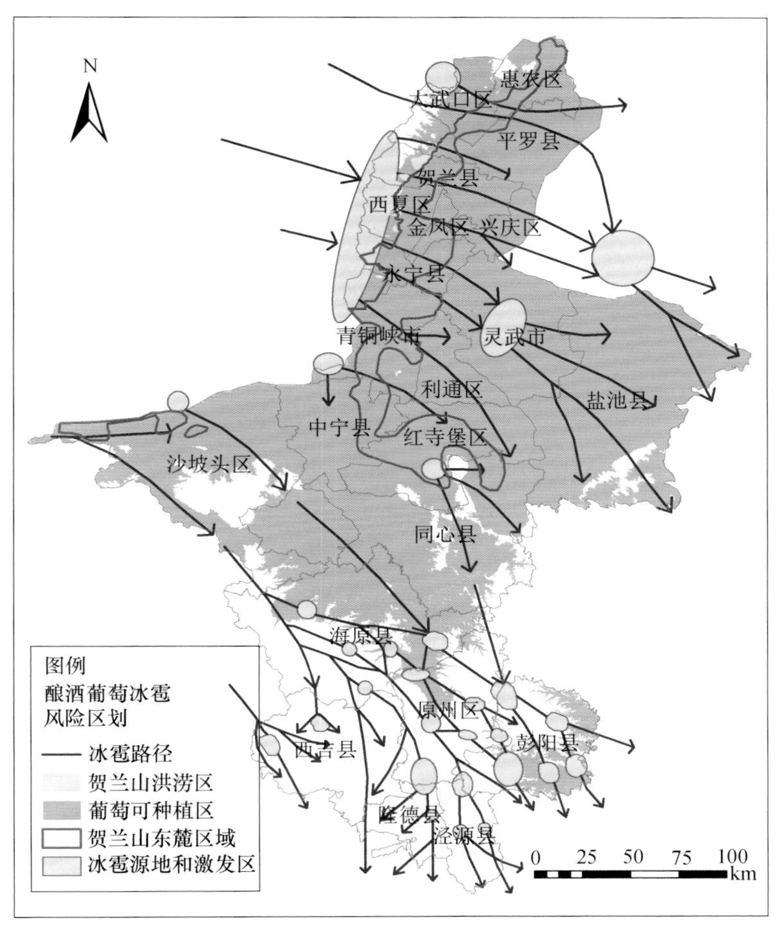

图 2-14 酿酒葡萄冰雹风险区划

2.7 苹果灾害

2.7.1 越冬冻害

(1)区划指标

见表 2-14。

表 2-14 苹果越冬冻害风险区划指标

致灾因子	统计时段	成灾等级	致灾指标	灾损系数
日最低气温 T_D（℃）	11 月至翌年 2 月	轻	$-24<T_D\leqslant-20$	0.3
		中	$-28<T_D\leqslant-24$	0.5
		重	$T_D\leqslant-28$	0.7

（2）分区及评述

极高风险区：贺兰山沿山、罗山、南华山、六盘山等沿山地区不能种植苹果，盐池东部、沙坡头区南部区域属于苹果越冬冻害极高风险区（图 2-15），这些区域受地形和海拔的影响日最低气温较低，最容易发生苹果越冬冻害。轻度冻害每年发生 1 次，中度冻害每 10 年发生 1 次，重度冻害基本不发生。

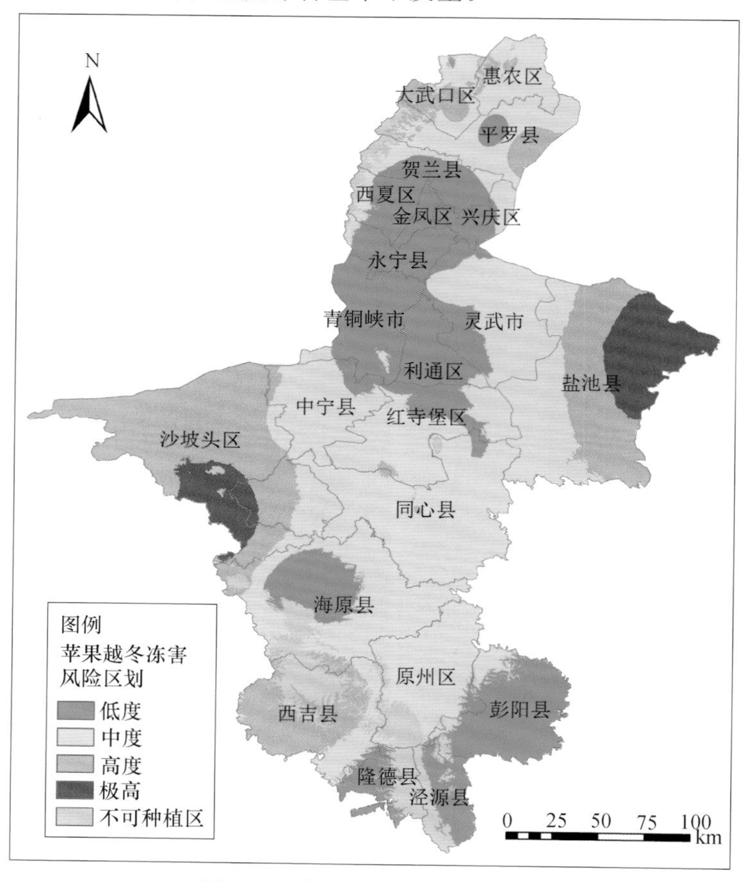

图 2-15　苹果越冬冻害风险区划

高风险区：主要分布在沙坡头区、盐池和西吉部分地区，以及大武口、惠农沿贺兰山区域，容易发生越冬冻害。轻度冻害每 1 年半到 2 年半发生 1 次，中度冻害沙坡头区最多 10 年发生 1 次，其他区域基本不发生，重度冻害基本不发生。

中风险区：主要分布在平罗、惠农、灵武中东部、中宁、盐池西部、同心大部、海原、原州区等地，较容易发生苹果越冬冻害。轻度冻害每 3～5 年发生 1 次，中度和重度冻害基本不发生。

低风险区：主要包括贺兰、银川、永宁、青铜峡、利通区、红寺堡北部、海原、彭阳、泾源、隆德等地，这些区域冬季不易发生冻害，苹果越冬冻害风险较低。轻度冻害每

10 年发生 1 次，中度和重度冻害基本不发生。

2.7.2 晚霜冻

(1)区划指标

见表 2-15。

表 2-15 苹果晚霜冻风险区划指标

致灾因子	统计时段	成灾等级	致灾指标	灾损系数
日最低气温 T_D (℃)	4—5 月	轻	$-2 < T_D \leqslant 0$	0.3
		中	$-4 < T_D \leqslant -2$	0.5
		重	$T_D \leqslant -4$	0.7

(2)分区及评述

极高风险区：主要分布惠农、沙坡头区、海原、隆德等地沿贺兰山、六盘山、南华山、香山和罗山区域(图 2-16)，这些区域海拔高，春季受地形影响，很容易造成冷空气堆积形成霜冻。轻度霜冻每年发生 5～7 次，中度霜冻每年发生 2～5 次，重度霜冻每年发生 1～3 次。

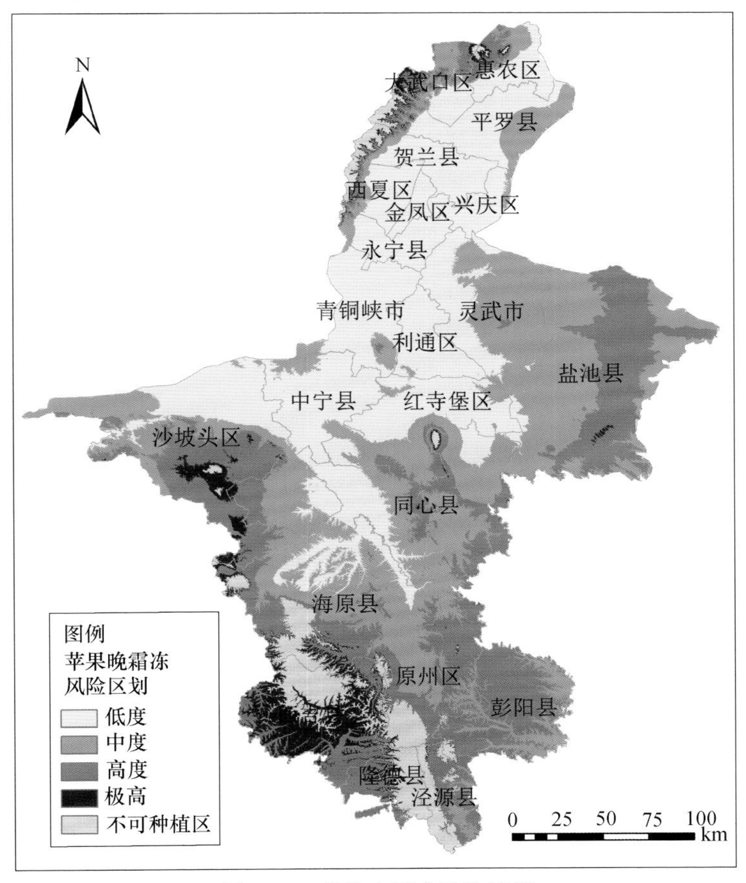

图 2-16 苹果晚霜冻风险区划

高风险区：主要分布在盐池、沙坡头区、同心、海原、原州区、西吉、彭阳部分地区，以及贺兰山沿山区域，这些区域较易发生霜冻。轻度霜冻每年发生3～4次，中度霜冻每年发生2～3次，重度霜冻每年发生1～2次。

中风险区：主要包括灵武东部、盐池西部、海原北部、沙坡头区北部以及同心、红寺堡、原州区地区，较易发生霜冻。轻度霜冻每年发生2～3次，中度霜冻每年发生1～2次，重度霜冻每年发生1次。

低风险区：主要包括平罗、贺兰、银川、永宁、青铜峡、利通区、中宁大部、灵武西部、沙坡头区北部等地区，以及同心和海原沿清水河地区，这些区域受贺兰山山体阻挡或者河谷灌溉形成小气候，春季不易发生霜冻。轻度霜冻每年发生2次，中度霜冻每年发生1次，重度霜冻每2～3年发生1次。

2.8 设施农业灾害

2.8.1 低温灾害

(1)区划指标

见表2-16。

表2-16 设施农业低温灾害风险区划指标

致灾因子	统计时段	成灾等级	致灾指标	灾损系数
日最低气温(T_{min})	12月至翌年2月	轻	$-12\ ℃ \geq T_{min} > -20\ ℃$	0.3
		中	$-20\ ℃ \geq T_{min} > -27\ ℃$	0.5
		重	$T_{min} \leq -27\ ℃$	1.0

(2)分区及评述

极高风险区：主要分布在贺兰山、罗山、中卫香山、盐池东部、海原南华山及西华山、西吉月亮山和六盘山主脉(图2-17)，这些地区为宁夏的高山地带，由于海拔高、气温低，冬季出现低温冷害的频率极高、强度极大，不适宜设施农业生产。

高风险区：主要分布在贺兰山沿山、盐池中北部及麻黄山一带、沙坡头南部、海原西南部、西吉北部和六盘山东西两麓，这些地区海拔相对较高、气温较低，冬季设施农业出现低温冷害的频率较高、强度较大。

中风险区：主要分布在银川、石嘴山、灵武中东部、盐池大部、沙坡头区西部、中宁南部、同心大部、海原北部、原州区东北部、隆德东部和泾源西北部等地，这些地区冬季设施农业出现低温冷害的频率一般、强度不大。

低风险区：主要分布在永宁、灵武西部、青铜峡、利通区、红寺堡北部、中宁、清水河流域、彭阳、隆德西部和泾源东部等地，这些地区冬季设施农业出现低温冷害的频率较低、强度较小。

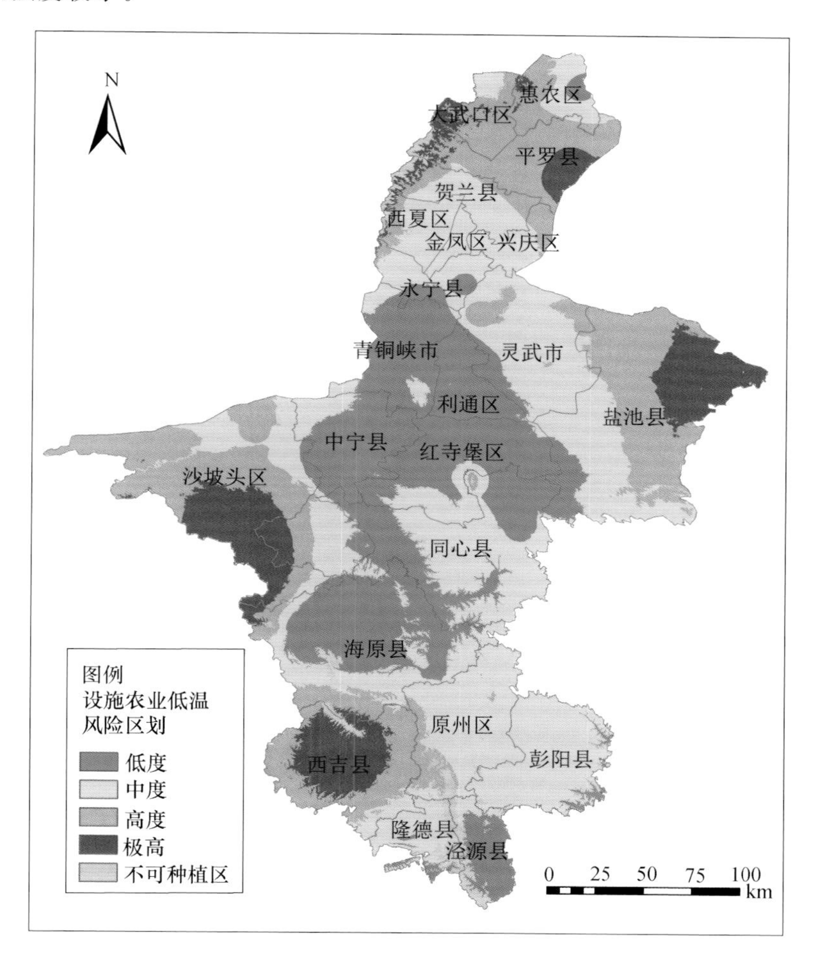

图 2-17 设施农业低温风险区划

2.8.2 低温寡照灾害

(1)区划指标

见表 2-17。

表 2-17 灾害风险区划指标

致灾因子	统计时段	成灾等级	致灾指标	灾损系数
T_{min}(℃),SH_0(d),SH_3(d)	11 月至翌年 4 月	中	$4<SH_0\leqslant7$ 且 $T_{min}\leqslant10$ 或者 $SH_3>7$ 且 $T_{min}\leqslant10$	0.5

续表

致灾因子	统计时段	成灾等级	致灾指标	灾损系数
T_{min}(℃),SH_0(d),SH_3(d)	11月至翌年4月	重	$SH_0>7$ 且 $T_{min}\leqslant 10$ 或者 $SH_3>10$ 且 $T_{min}\leqslant 10$	1.0

注:T_{min} 为日最低气温;SH_0 为连续无日照天数;SH_3 为连续日照时数小于3h的天数。

(2)分区及评述

极高风险区:主要分布在银川、贺兰、西吉和泾源等地(图2-18)。这些地区冬、春季日照时数少,持续无日照的时间长、次数多,同时低温日数极多,设施农业极易遭遇低温寡照灾害。

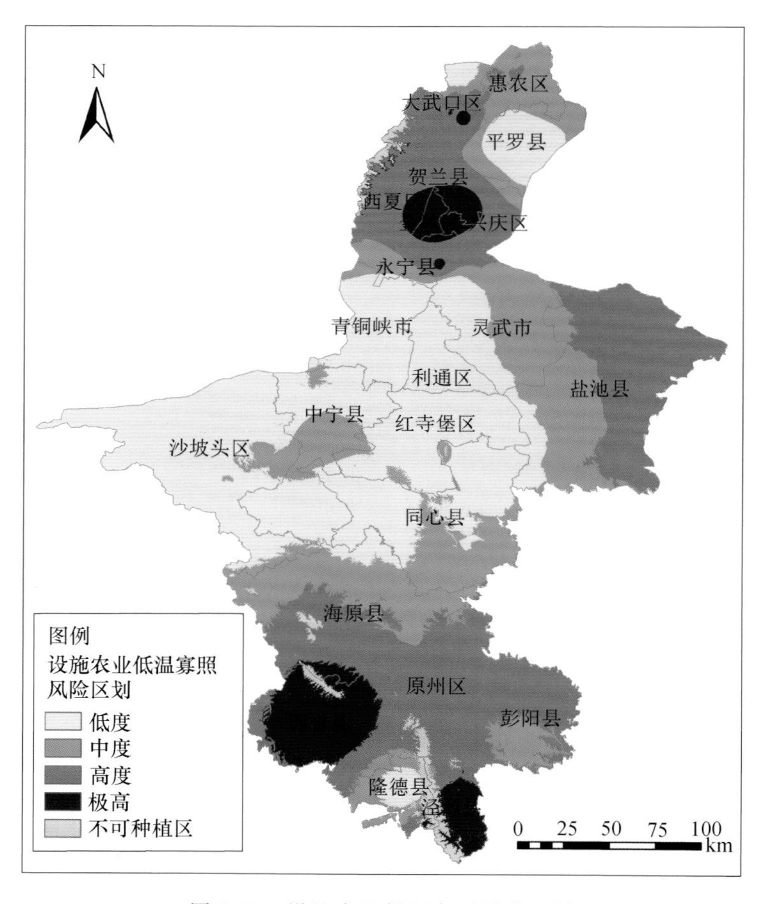

图2-18 设施农业低温寡照风险区划

高风险区:主要分布在盐池、海原大部、原州区、西吉西部、彭阳北部等地。这些地区冬、春季日照时数较少,持续无日照的时间较长、次数较多,加之低温日数较多,设施农业容易遭遇低温寡照灾害。

中风险区：主要分布在惠农大部、平罗西部、灵武东部、盐池西部、中宁南部、同心南部、海原北部等地。这些地区冬、春季日照时数较多，持续无日照的时间一般、次数较少，加之低温日数相对较少，设施农业低温寡照灾害的风险中等。

低风险区：主要分布在平罗中东部、灵武西部、利通区、青铜峡、红寺堡、同心北部、沙坡头南部、中宁南部和海原北部等地。这些地区冬、春季日照时数多，持续无日照的时间较短、次数少，加之低温时数较少，设施农业低温寡照灾害的风险最低。

2.8.3 连阴天灾害

（1）区划指标

见表2-18。

表2-18 设施农业连阴天灾害风险区划指标

致灾因子	统计时段	成灾等级	致灾指标	灾损系数
连阴天(SH)	11月至翌年4月	轻	SH(≤3 h)=2 d	0.3
		中	3 d≤SH(≤3 h)≤4 d	0.5
		重	SH(≤3 h)>4 d	1.0

（2）分区及评述

极高风险区：主要分布在西吉中东部、原州区、隆德、彭阳和泾源等地（图2-19）。这些地区冬、春季出现连阴天的持续时间长、次数多，设施农业连阴天灾害的风险极高。

高风险区：主要分布在海南南部、同心东南部、麻黄山、原州区大部等地。这些地区冬、春季出现连阴天的持续时间较长、次数较多，设施农业容易遭遇连阴天风险。

中风险区：主要分布在贺兰山沿山、灵武中东部、利通区中南部、青铜峡东南部、红寺堡大部、同心大部、沙坡头南部、中宁南部和海原北部等地。这些地区冬、春季出现连阴天的持续时间较短、次数较少，设施农业连阴天灾害的风险中等。

低风险区：主要分布在大武口、惠农、平罗、贺兰、银川、永宁、灵武西部、利通区北部、青铜峡大部、沙坡头北部和中宁等地。这些地区冬、春季出现连阴天的持续时间短、次数少，设施农业连阴天灾害的风险最低。

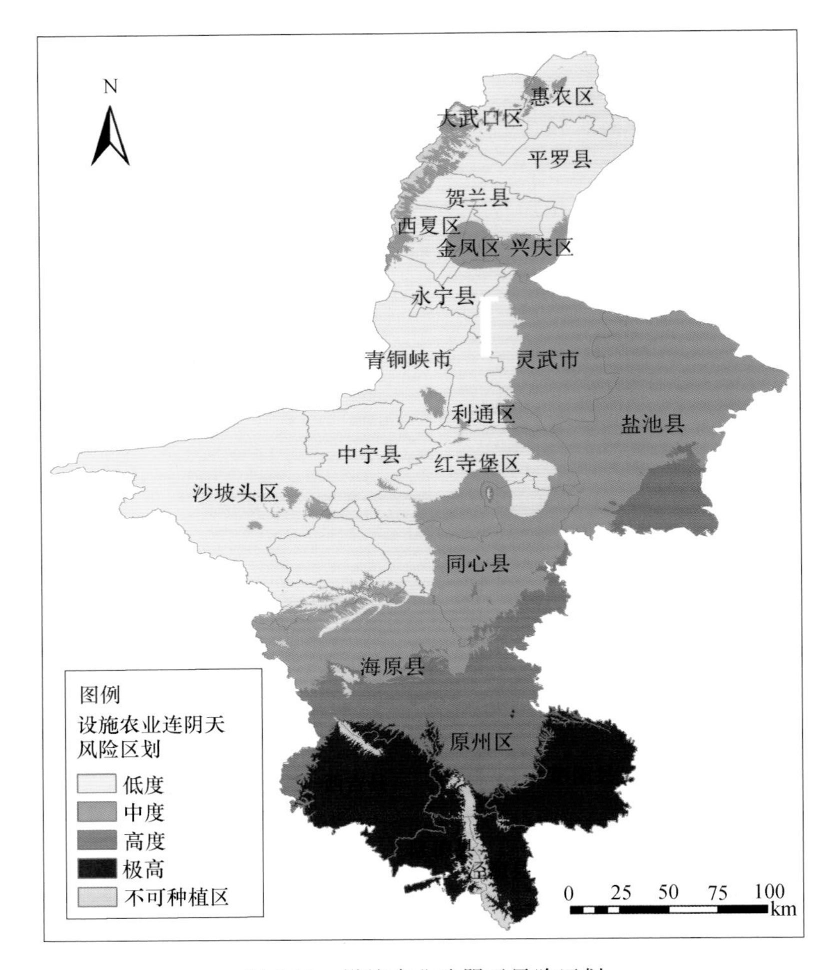

图 2-19　设施农业连阴天风险区划

2.8.4　大风灾害

（1）区划指标

见表 2-19。

表 2-19　设施农业大风灾害风险区划指标

致灾因子	统计时段	成灾等级	致灾指标	灾损系数
极大风速（V_{max}）	11 月至翌年 4 月	轻	17 m/s>V_{max}≥12 m/s	0.3
		中	24 m/s>V_{max}≥17 m/s	0.5
		重	V_{max}≥24m/s	1.0

(2)分区及评述

极高风险区：贺兰山、罗山、中卫香山、海原南华山和西华山等地。这些地区为宁夏的高山地带，冬、春季出现大风的次数极多、风力大，设施农业大风灾害的风险极高。

高风险区：惠农大部、盐池西南部、红寺堡南部、同心北部、中宁北部、沙坡头西部及中南部、海原西部和六盘山等地(图 2-20)。这些地区冬、春季出现大风的次数多、风力较大，设施农业大风灾害的风险较高。

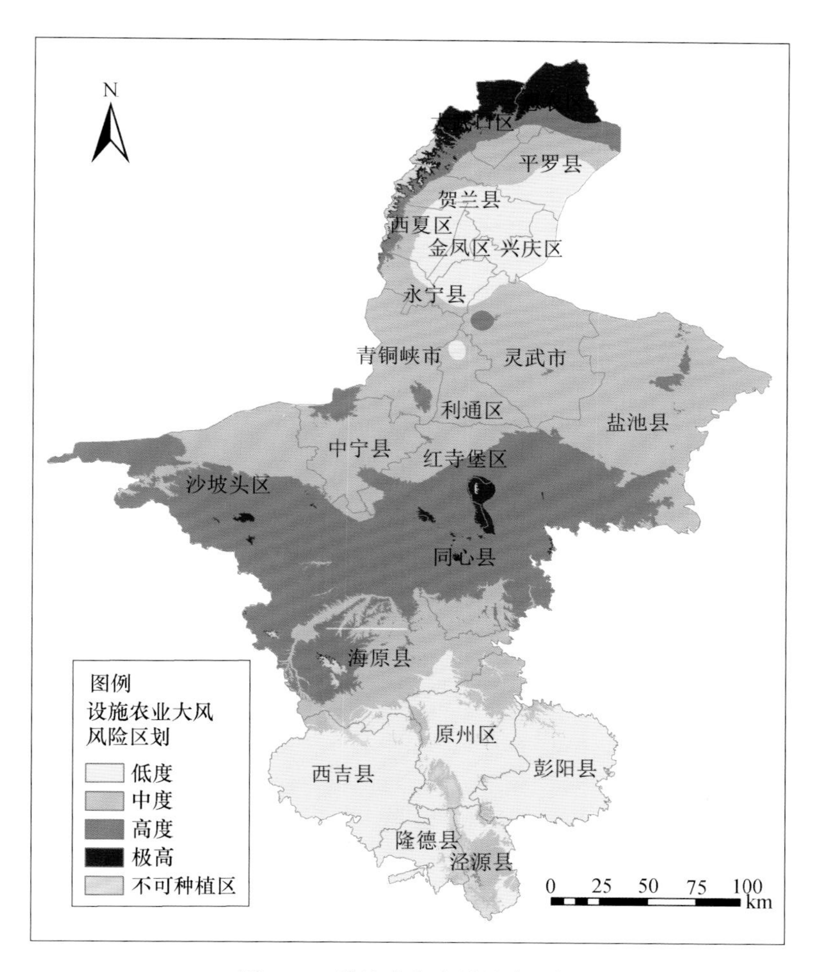

图 2-20　设施农业大风风险区划

中风险区：主要分布在永宁东部、贺兰山沿山、青铜峡、中宁、沙坡头区北部、灵武、利通区、盐池等地海原中部及东部、原州区东北部和西南部、隆德东部和泾源西部等地。这些地区冬、春季出现大风的次数较少、风力较小，设施农业大风灾害的风险中等。

低风险区：主要分布在原州区、彭阳大部、西吉、隆德和泾源东南部等地。这些地区冬、春季出现大风的次数少、风力小，设施农业大风灾害的风险最低。

2.8.5 雪灾

(1)区划指标

见表 2-20。

表 2-20 设施农业雪灾风险区划指标

致灾因子	统计时段	成灾等级	致灾指标	灾损系数
降水量(R_s)，日平均温度(T_a)	11月至翌年2月	轻	T_a<0 ℃ 11.1<R_s≤15.3 mm	0.3
		中	T_a<0 ℃ 15.3<R_s≤20.8 mm	0.5
		重	T_a<0 ℃ R_s>20.8 mm	1.0

(2)分区及评述

设施雪灾无中高风险区，与宁夏冬季大雪天气很少有关。

低风险区：大武口南部、平罗西部、贺兰大部、银川、永宁北部、灵武北部、盐池中部及东部、沙坡头北部、海原中部及南部、西吉大部、隆德和泾源等地(图 2-21)。这一带在有些年份会遇到大雪，造成温室损坏甚至垮塌现象。

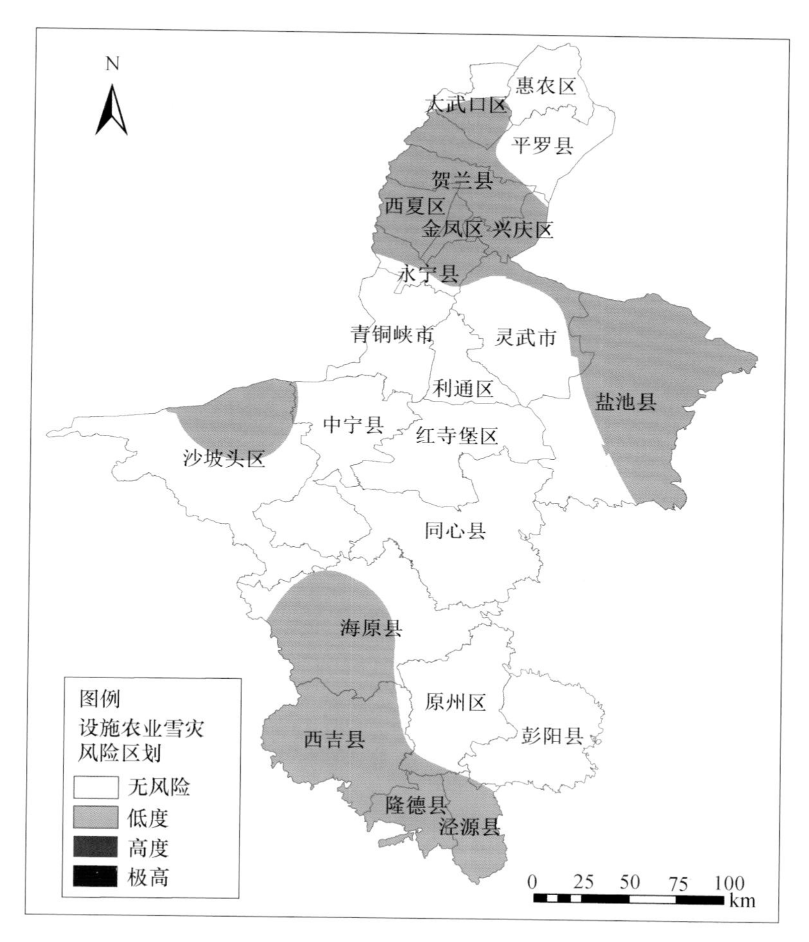

图 2-21　设施农业雪灾风险区划

第3章 宁夏作物气候区划

3.1 小麦气候区划

3.1.1 春小麦

春小麦是宁夏的三大主要作物之一，春小麦在宁夏全区都有种植，除引黄灌区外，大部分地区由于降水量少，产量低且不稳。以春小麦生长发育及产量形成与气象要素关系研究为基础，对宁夏春小麦进行气候区划，以期为宁夏科学利用气候资源、合理调整种植业结构提供参考依据。

(1)区划指标

小麦是喜凉作物，除全生育期要求有较好的水分条件外，春小麦幼穗分化期和灌浆期对温度的要求较为严格。幼穗分化期的长短和温度高低对春小麦小穗数影响较大。灌浆期的温度条件对春小麦粒重有明显的影响，灌浆期温度适宜，则有利于充分灌浆，小麦籽粒饱满、粒重增加。宁夏夏季气温高，6月份出现高温的概率较大，持续高温和干热风灾害是影响春小麦产量的主要因素之一。研究发现，6月份平均最高气温在30 ℃以上时，灌浆时间缩短，甚至灌浆中止，很难高产；6月份平均最高气温低于27.5 ℃时，则不容易发生干热风，小麦灌浆快、千粒重高、产量高、品质优。年降水量450 mm以上，能够满足小麦种植的水分需求，年降水量低于350 mm，则水分条件不能保证小麦的正常生长发育及产量形成。根据春小麦生长发育对气象条件的需求，结合各地春小麦现状，选择6月份平均最高气温及年降水量作为春小麦区划的气候指标(表3-1)。对于宁夏引黄灌区，由于有灌溉条件，区划时不考虑降水因子。

表3-1 春小麦气候区划指标

分区名称	6月份平均最高气温(℃)	年降水量(mm)
适宜区	≤27.5	≥450
次适宜区	27.5～30.0	350～450
不适宜区	≥30.0	>500或≤350

(2)分区及评述

适宜区：包括引黄灌区的惠农、平罗、贺兰、银川、永宁、灵武西部、青铜峡、吴忠、中宁、沙坡头沿黄地区、清水河流域，以及固原原州区西北部、彭阳大部、泾源等地区（图 3-1），这里的光照资源丰富，热量条件适中，土质较好，耕作水平较高，青干、干热风较其他地区少，小麦产量较高也比较稳定。

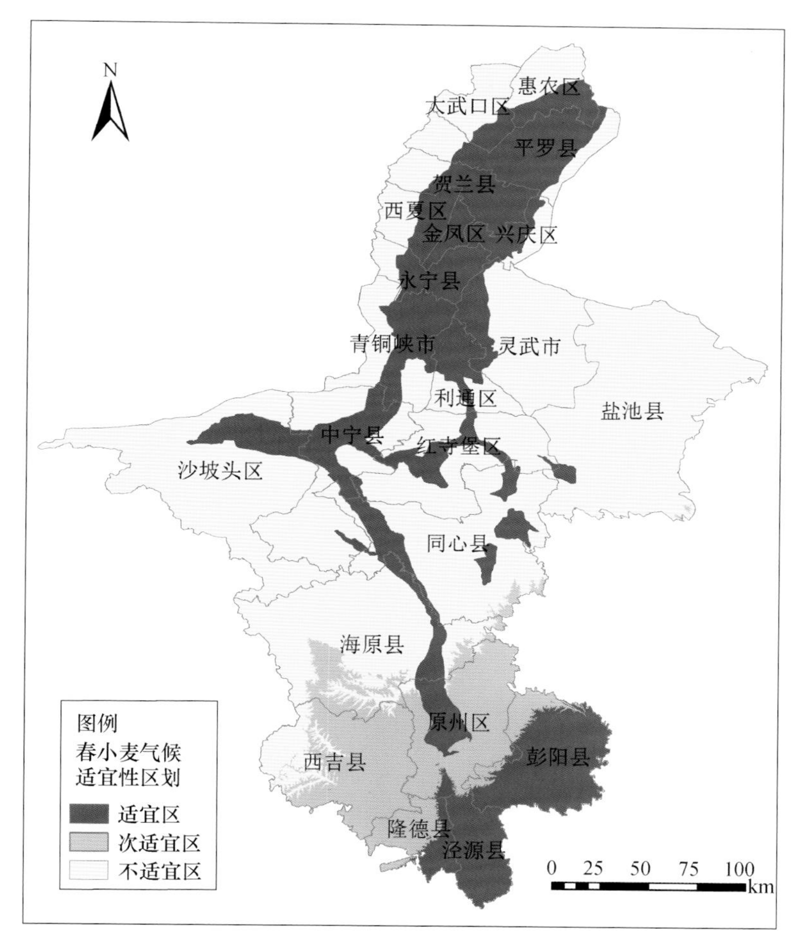

图 3-1　春小麦气候适宜性区划

次适宜区：包括宁夏中南部的同心东南部、海原南部、原州区、西吉大部分地区、隆德西北部、彭阳北部。宁夏中部干旱带部分地区光照资源丰富，热量条件适中，低洼盐碱地较多，夏季气温较高，干热风发生次数较多。另外，中南部的大片区域，年降水量在 350 mm 以上，但不足 400 mm，不能完全满足春小麦生长发育的需求，往往因干旱造成小麦减产。

不适宜区：包括沙坡头区大部、灵武东南部、红寺堡大部、盐池、同心、海原大部分地区以及吴忠、灵武、中卫、中宁的山区，该区光热资源丰富，但年降水量在300 mm 以下，土壤干旱严重，产量低而不稳，除有灌溉条件的水浇地以及土壤水分条件较好地区以外，不宜种植春小麦。

宁夏北部非灌溉区域、中部干旱带区域及宁夏最南部的阴湿地区为春小麦不可种植区。除南部阴湿区以外的其他地区年降水量大多不足 300 mm，春夏季干旱制约着这些地区春小麦的播种、出苗及生长。

3.1.2 冬小麦

宁夏的冬小麦主要分布在同心、盐池、固原、西吉、彭阳、隆德、泾源等地，近年来宁夏冬小麦种植北移的趋势明显增大，为了科学规划冬小麦种植区域，充分利用气候资源，开展精细化的冬小麦种植气候区划十分必要。

(1)区划指标

影响冬小麦生长及产量形成的因素较多，但主要集中在两个方面：一是越冬期的气象条件，即 1 月份气温的高低。据研究，1 月份平均气温高于－8.0 ℃时，冬小麦越冬成活率较高，能够获得较高的产量，而低于－9.0 ℃时，则越冬死苗严重，产量锐减。二是水分因素，当年降水量大于 450 mm 时，冬小麦生长及产量形成的水分条件能够满足，获得较高产量，而在年降水量不足 350 mm 时，则受干旱影响严重，难以形成经济产量。对于引黄灌区，由于有充足的灌溉可以满足小麦对水分条件的需求，只考虑越冬期的气候条件。因此，选择宁夏冬小麦区划的气候指标如表 3-2 所示。

表 3-2 冬小麦气候区划指标

分区名称	1 月份平均气温(℃)	年降水量(mm)
适宜区	≥－8.0	≥450
次适宜区	－9.0～－8.0	350～450
不适宜区	≤－9.0	≤350

(2)分区及评述

适宜区：从气候条件来看，宁夏冬小麦适宜种植区包括永宁中部以南宁夏引黄灌区、红寺堡、盐池、同心三地部分可灌溉区域、清水河流域周边、原州区北部地区及泾源、彭阳的大部分地区(图 3-2)。这些地区冬季较温暖，1 月份平均气温均在－8.0 ℃以上，除引黄灌区及其他可灌区区域外，南部地区年降水量均在 450 mm 以上，冬小麦越冬期热量条件较好，降水能够满足冬小麦生长发育所需。特别是引黄灌区，水分条件充沛、土壤肥力较高，耕作水平高，是冬小麦的适宜种植区。

次适宜区：宁夏冬小麦次适宜种植区主要分布于灌区的惠农、平罗、贺兰、银川及南部山区的西吉南部、彭阳北部地区、原州区和隆德大部地区。引黄灌区北部地区 1 月份平均气温较低，在－9.0～－8.0 ℃，越冬期间热量条件不能完全满足需要，冬小麦越冬死苗率较高，对产量影响较大。南部地区由于降水量较少，年降水量大多介于 350～450 mm。由于越冬条件较差，产量不稳定，因此，这些地区可根据气候年景适当种植冬小麦。

不适宜区：宁夏中部的大片地区及西吉西北部、原州区西南部为冬小麦不适宜种植区域。这些地区年降水量不足 350 mm，北部的大片地区不足 300 mm，冬小麦不能正常生长发育。因此，这些地区不宜大面积盲目种植冬小麦等粮食作物。

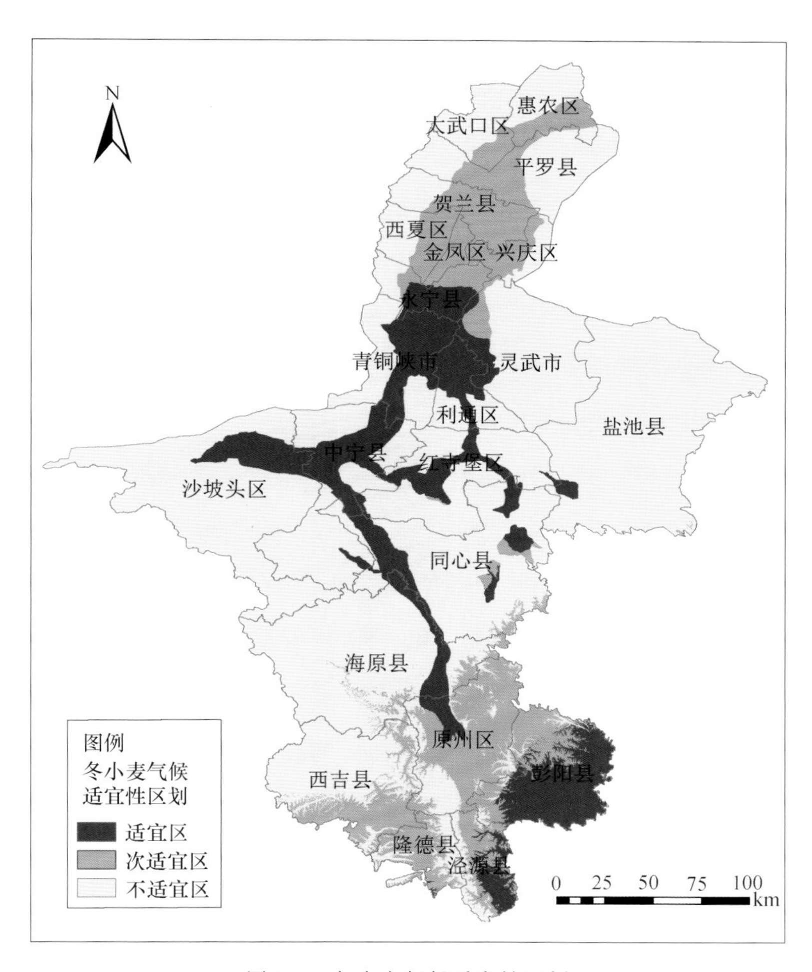

图 3-2　冬小麦气候适宜性区划

3.2 玉米气候区划

(1)区划指标

见表 3-3。

表 3-3 玉米气候区划指标

分区名称	≥10 ℃积温(℃·d)	生长季降水量(mm)
适宜区	≥2300	≥400
次适宜区	1900～2300	300～400
不适宜区	<1900	≤300

(2)分区及评述

适宜区:全年≥10 ℃积温超过 2300 ℃·d 且生长季降水量≥400 mm(或者有灌溉条件)的地区为玉米适宜种植区,宁夏引黄灌区、扬黄灌区及清水河流域为玉米的适宜种植区(图 3-3)。引黄灌区年平均气温 9.7 ℃,日照时数 2961.3 h,年降水量

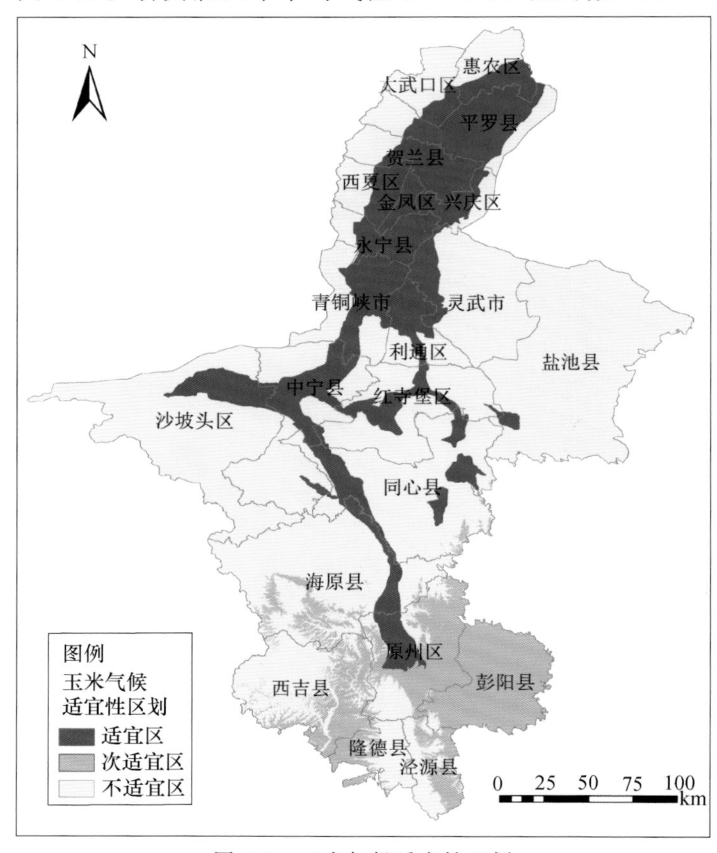

图 3-3 玉米气候适宜性区划

184.2 mm，生长季降水量 170.1 mm，占全年降水量的 92.3%，年潜在蒸散量为 1214.2 mm，平均无霜期为 164 d，生长季日数为 216.7 d，≥0 ℃的积温为 4030.5 ℃·d，≥10 ℃的积温为3482.6 ℃·d，生长季平均日较差 13.3 ℃，生长季蒸发量 904.5 mm。该地区光热条件充沛，有灌溉条件保障，是玉米生长的适宜区。

次适宜区：全年≥10 ℃积温为 1900～2300 ℃·d 且生长季降水量为 300～400 mm的地区为玉米次适宜种植区，宁夏南部山区的原州区、彭阳大部、西吉东部、隆德西部、泾源东部及海原南部为玉米的次适宜种植区。这些地区年平均气温 7.0 ℃，生长季平均温度 13.9 ℃，日照时数 2411 h，年降水量 481 mm，生长季降水量 421 mm，占全年降水量的 87.5%，年潜在蒸散量为 995.8 mm，平均无霜期为 140.8 d，生长季日数为 201.6 d，≥0 ℃的积温为 3070.7 ℃·d，≥10 ℃的积温为 2375.2 ℃·d，生长季平均日较差 11.7℃，生长季蒸发量 680.4 mm。该地区降水条件满足但热量条件欠缺使之成为玉米生长的次适宜区。

不适宜区：全年≥10 ℃积温小于 1900 ℃·d 且年降水量少于 300 mm 地区为玉米不适宜种植区。西吉大部、海原南部及原州区以北无灌溉条件的地区均为玉米的不适宜种植区。不适宜区是指不考虑农业措施的情况下没有足够的经济产量而不适宜种植的区域，多雨年份采用覆膜等方式亦可种植玉米。

3.3 水稻气候区划

(1)区划指标

见表 3-4。

表 3-4 灌区水稻气候区划指标

分区名称	7月份平均最低气温(℃)	8月份平均气温(℃)	≥10 ℃积温(℃·d)
适宜区	≥12	≥20	≥3200
次适宜区	9～12	18～20	2800～3200
不适宜区	≤9	≤18	≤2800
不可种植区	无灌溉条件的区域		

(2)分区及评述

适宜区：宁夏灌区的大部分地区(图 3-4)，7月份平均最低气温≥12 ℃、8月份平均气温≥20 ℃且≥10 ℃积温超过 3200 ℃·d 的地区为水稻适宜种植区；宁夏水稻主要种植于引黄灌区，这里年平均最高气温 16.5～17.5 ℃，年平均最低气温 2.7～4.8 ℃，年降水量 172.0～197.5 mm，生长季降水量 160.7～182.3 mm，无霜期日数 150～175.6 d，日照时数 2784.8～3024.2 h，≥10 ℃积温 3370.3～3658.7 ℃·d，年潜在蒸散量 1151.2～1277.8 mm。充足的光热条件和黄河水提供的充沛水源为水稻在引黄灌区种植创造了条件。

次适宜区：中卫沙坡头区的部分地区、红寺堡灌区、固海扬黄灌区、利通区的部分扬黄灌区，热量资源有限，水分保证率较低，为水稻种植的次适宜区。7 月份平均最低气温为 9～12 ℃、8 月份平均气温为 18～20 ℃且≥10 ℃积温为 2800～3200 ℃·d 的地区为水稻次适宜种植区。

不可种植区：宁夏灌区周边无灌溉条件的广大地区，7 月份平均最低气温≤9 ℃、8 月份平均气温≤18 ℃且≥10 ℃积温≤2800 ℃·d 的地区为水稻不适宜种植区；引黄灌区以外的区域，有的地方缺水，有的地方热量不足，为水稻的不可种植区。

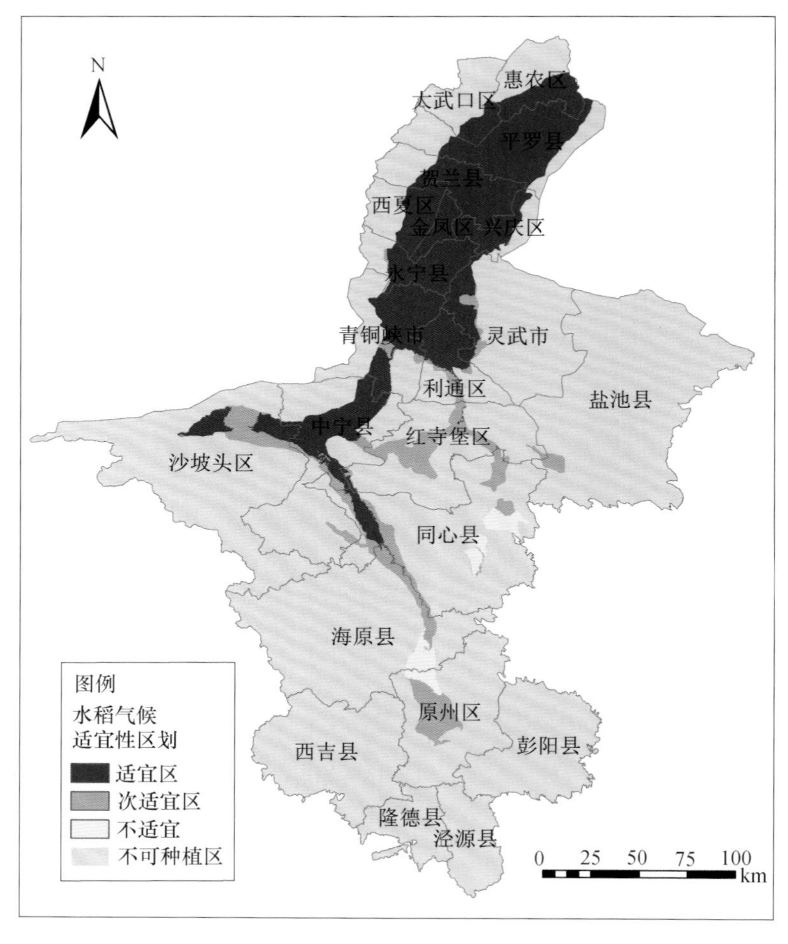

图 3-4 水稻气候适宜性区划

3.4 马铃薯气候区划

(1)区划指标

见表 3-5。

表 3-5 马铃薯气候区划指标

分区名称	5 月份平均气温(℃)	7 月份平均气温(℃)	7 月份降水量(mm)	8 月份最高气温(℃)	无霜期(d)
适宜区	≥10	≤20	45～65	≤24	>120
次适宜区	8～10	20～23	40～45 或>65	24～28	>120
不适宜区	<8	≥23	≤40	≥28	>120
不可种植区	—	—	—	—	≤120

(2)分区及评述

马铃薯原产于南美洲秘鲁、智利一带的高山地带，喜温凉气候、不耐高温，是世界上仅次于水稻、玉米和小麦的第四大粮食作物。宁夏地处西北内陆，独特的自然条件和气候特点，为马铃薯产业发展创造了十分有利的条件(金建新 等，2020)。近年来，马铃薯已由粮食作物向经济作物转变，成为宁夏南部山区稳产高产、经济价值高、效益好的优势作物和特色作物，并逐渐引起政府部门的重视。在气候变化的背景下，为充分合理地利用气候资源及马铃薯的安全生产，有必要在前人研究的基础上对宁夏马铃薯种植区域进行系统分析与研究。选取影响马铃薯生长发育与产量品质形成的关键气象因子 5 月份平均气温、7 月份平均气温、7 月份降水量、8 月份最高气温和无霜期作为区划的主要指标。

适宜区：主要分布在宁夏南部地区，主要包括盐池东南部、海原(南部、西北部)、原州区大部、西吉西南部、隆德西部、彭阳西部、隆德东北部(图 3-5)。该区域年降水量在 360 mm 以上，5 月份平均气温≥10 ℃，7 月份平均气温≤20 ℃，8 月份最高气温≤24 ℃，这一带马铃薯块茎膨大期无高温天气，气候温凉，适宜营养物质积累，块茎膨大迅速；降水和温度条件适中，产量高，品质好。因此，该地区可适度加大马铃薯种植面积。

次适宜区：主要分布在青铜峡中部、利通区中部、灵武西部、沙坡头区沿黄流域、中宁东北部、盐池东南部、海原中部和东南部、同心清水河流域、原州区西北部、彭阳和泾源大部等地。这些区域或有灌溉条件或降水量能够满足马铃薯生长发育所需，但该地区 7—8 月份气温比适宜区高，不适宜淀粉积累。因此，该地可以适当种植马铃薯，以优化种植结构，但不可大面积种植。

不适宜区：主要分布在海原和同心以北地区，包括石嘴山、银川、灵武、盐池、中卫、中宁、红寺堡大部地区。该区域 7 月份平均气温普遍高于 23 ℃，8 月份最高气温高于 28 ℃，不利于马铃薯的块茎膨大和淀粉积累，产量低且品质差，气候条件不适宜种植马铃薯。因此，不建议在该地区继续扩大马铃薯种植面积。

不可种植区：主要包括贺兰山沿山、西吉北部、隆德和泾源部分地区。该区域年降水在 300 mm 以上，无霜期≤120 d，无霜期短是限制该地区种植马铃薯的主要因素。

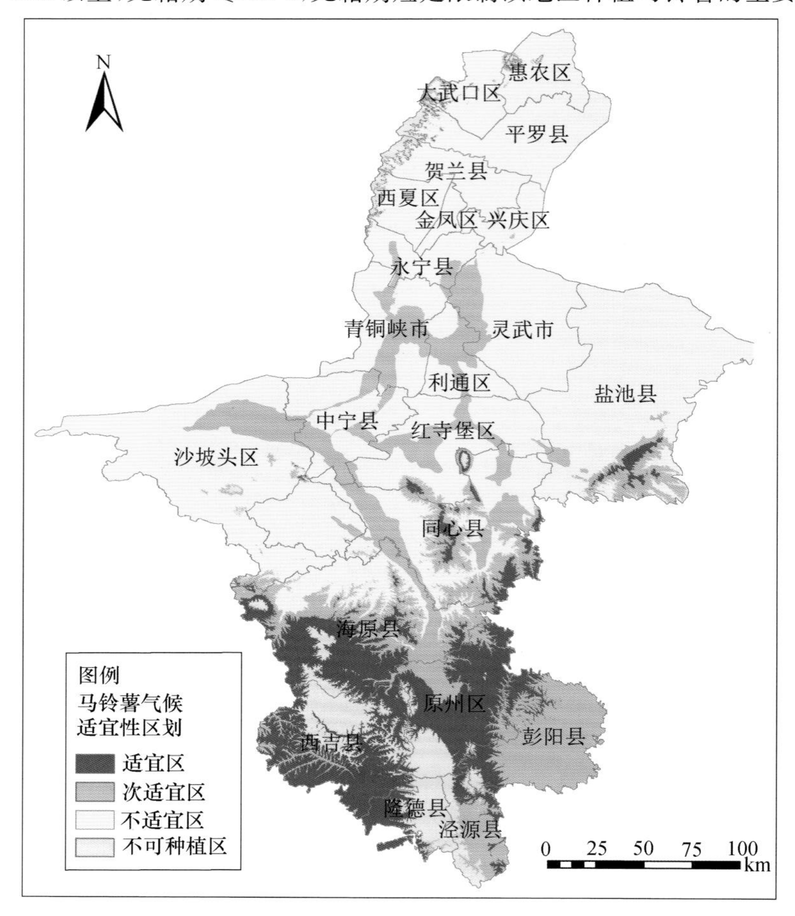

图 3-5　马铃薯气候适宜性区划

3.5　小杂粮气候区划

3.5.1　谷子

谷子是我国传统特色作物，古称粟，是禾本科一年生植物，具有抗旱性强、耐贫瘠等特点，其籽粒营养价值高，谷草品质优良，可以作为粮饲兼用的多用途作物。宁夏谷子面积为 150 万亩*左右，主要种植在宁夏南部山区和中部干旱带。近年来，谷

* 1 亩≈666.67m²。

子面积有逐年扩大的趋势(张尚沛 等,2021;张晓娟 等,2016)。

(1)区划指标

见表 3-6。

表 3-6 谷子气候区划指标

指标	适宜区	次适宜区	不适宜区
≥10 ℃积温(℃·d)	>2300	1700~2300	<1700
年降水量(mm)	400~600	300~400	<300 或>600
8 月平均气温(℃)	>19	17~19	<17

(2)分区及评述

适宜区:主要分布在引黄灌区,固海、盐环定、红寺堡和固海扩灌等扬黄灌溉区,以及原州区东部和彭阳大部等地(图 3-6)。这一区域≥10 ℃活动积温超过 2300 ℃·d

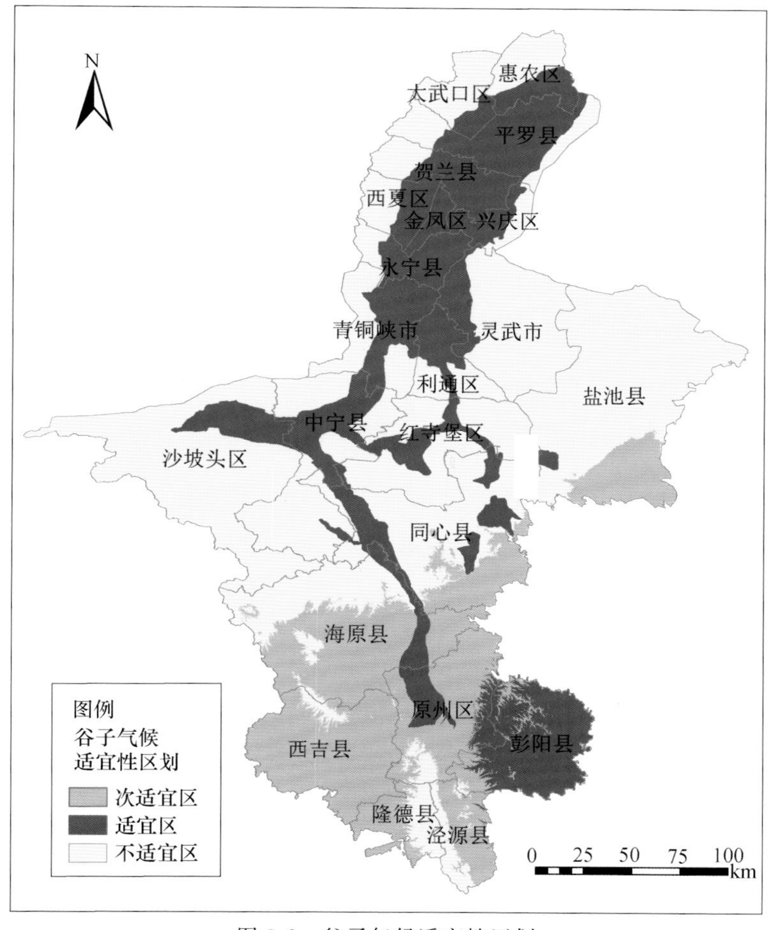

图 3-6 谷子气候适宜性区划

(80%保证率),热量条件能够满足不同熟性谷子生长发育所需;8月份平均气温超过19 ℃(80%保证率),对谷子灌浆非常有利;年降水量在400~600 mm(80%保证率),或虽然降水量不足400 mm(80%保证率),但有引(扬)黄灌溉条件,水分条件能够满足谷子生长发育需要,绝大多数年份种植谷子能够获得较高产量。

次适宜区:主要分布在盐池东南部、同心东南部、海原中部及南部、原州区大部、西吉、隆德西部、泾源大部等。这一区域≥10 ℃活动积温在1700~2300 ℃·d(80%保证率),多数年份热量条件能够满足不同熟性谷子生长发育所需,但部分年份晚熟谷子不能充分成熟;8月份平均气温在17~19 ℃(80%保证率),对谷子灌浆较为有利;年降水量在300~400 mm(80%保证率),水分条件基本能够满足谷子生长发育需要,但年际间波动较大,部分年份受旱较重,产量损失较大。这一带发展谷子需要采用覆膜种植模式以减少产量年际波动。

不适宜区:主要分布在海原海城镇—李旺镇至同心预旺镇一线以北没有灌溉条件的大部分区域,以及海原南华山、西吉月亮山和六盘山等地。这些区域有的虽然热量条件能够满足谷子生长发育需求,但年降水量不足300 mm(80%保证率),并且没有灌溉条件,水分不足,严重限制了谷子生长发育,产量低而不稳;有的地区降水过多,不适宜种植谷子。有的地区降水虽然适宜,但≥10 ℃活动积温少于1800 ℃·d(80%保证率),热量条件不足,多数年份谷子无法正常成熟。

3.5.2 荞麦

荞麦为蓼科荞麦属双子叶一年生草本植物,又名三角麦和乌麦,是一种耐旱、贫瘠的一年生短季作物。包括甜荞麦和苦荞麦两个栽培种,荞麦生长期较短,适应性强,抗旱抗寒,一年多季度可种植,成为很好的救灾填闲作物,是干旱、半干旱地区重要的粮食和经济作物。宁夏种植的荞麦品种主要是美国甜荞、宁荞1号(甜荞)、宁荞2号(苦荞)、固苦1号(苦荞)、信浓1号等,荞麦播种期一般在6月下旬至7月上旬,成熟期一般在9月下旬左右。荞麦是轮作倒茬、培肥地力的特色作物,在旱作雨养农业中具有重要地位(杜燕萍 等,2008)。

(1)区划指标

见表3-7。

表3-7 荞麦气候区划指标

指标	适宜区	次适宜区	不适宜区
≥10 ℃积温(℃·d)	>2200	1800~2200	<1800
年降水量(mm)	350~450	300~350 或 450~500	<300 或>500
无霜期(d)	>120	90~ 120	<90

(2)分区及评述

适宜区:主要分布在引黄灌区,固海、盐环定、红寺堡和固海扩灌等扬黄灌区,以及原州区东部和彭阳西北部等地(图 3-7)。这一区域≥10 ℃活动积温超过 2200 ℃·d(80%保证率),无霜期在 120 d(80%保证率)以上,热量条件能够满足荞麦生长发育所需,并且霜冻灾害少;年降水量在 350~450 mm(80%保证率),或者虽然降水量不足 350 mm(80%保证率),但有灌溉条件,水分条件能够满足荞麦生长发育需要,绝大多数年份种植荞麦能够获得期望产量。

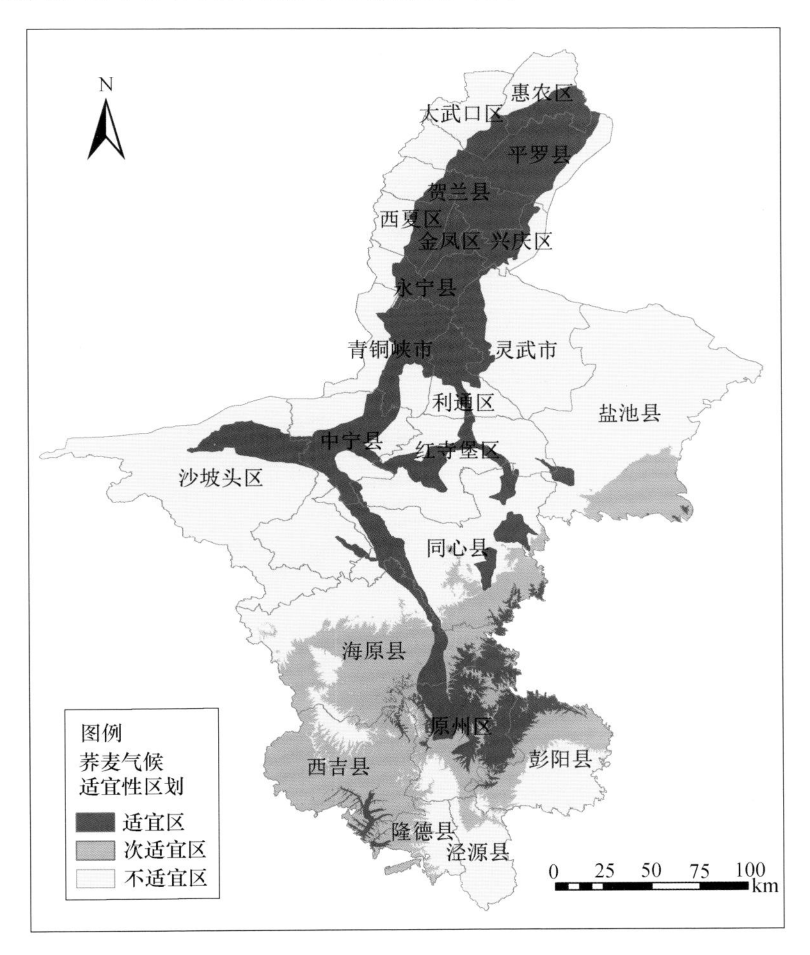

图 3-7　荞麦气候适宜性区划

次适宜区:主要分布在盐池东南部、同心东南部、海原中部及南部、原州区北部、西吉、彭阳北部及西南部、隆德西部、泾源北部等。这一区域≥10 ℃活动积温在 1800~2200 ℃·d(80%保证率),无霜期在 90~120d(80%保证率),多数年份热量条件能够满足荞麦生长发育所需,但部分年份会遭遇霜冻危害;年降水量在 300~350 mm 或者 450~500 mm(80%保证率),水分条件基本能够满足荞麦生长发育需要或者略偏多,会给灌浆带来一定不利影响,造成年际间产量波动较大。

不适宜区：主要分布在海原海城镇—李旺镇至同心预旺镇一线以北没有灌溉条件的大部分区域，海原南华山—西吉月亮山一带，原州区西南部、彭阳中部及南部、隆德东部和泾源大部。这一区域虽然热量条件能够满足荞麦生长发育需求，但年降水量不足 300 mm(80%保证率)，并且没有灌溉条件，水分不足严重限制了荞麦生长发育，产量低而不稳；或者降水过多；或者降水虽然适宜，但≥10 ℃活动积温少于 1800 ℃・d(80%保证率)，无霜期不足 90 d(80%保证率)，热量条件不足并且易遭受霜冻危害，多数年份荞麦无法正常成熟。

3.6 枸杞气候区划

(1)区划指标

见表 3-8。

表 3-8 枸杞气候区划指标

分区名称	≥5 ℃积温(℃・d)	年降水量(mm)
适宜区	≥3600	≤200
次适宜区	3000～3600	200～360
不适宜区	2500～3000	>360
不可种植区	<2500	

(2)分区及评述

宁夏枸杞(*lycium barbarum*)为茄科枸杞属植物，其果实是有效药用成分贮藏的器官。枸杞属于强阳性喜光作物，耐寒、耐旱、耐盐碱、喜湿，忌积水，适应能力强。目前，枸杞种植已遍及宁夏、新疆、内蒙古、青海、甘肃等 12 个省(区、市)，宁夏被公认为是枸杞的道地产区。枸杞与其他经济作物一样，其产量和品质受气候条件的影响很大。2010 年以前，部分学者运用 GIS 技术对宁夏地区枸杞进行了气候区划(王连喜 等，2008；马力文 等，2009；苏占胜 等，2006)，但随着气候变化和作物种植制度的调整，需要重新对枸杞进行农业气候区划。本书选取影响枸杞生长发育与产量品质形成的关键气象因子≥5 ℃积温、年降水量作为区划的主要指标进行枸杞种植区划，以期为扩大枸杞种植面积、合理利用气候资源、调整产业结构提供理论指导。

适宜区：主要分布在宁夏引黄灌区的银川平原和卫宁平原以及同心清水河流域，包括惠农、平罗、银川、中宁的大部地区以及同心西北部等地(图 3-8)。该地区气温稳定通过 5 ℃积温一般在 3600 ℃・d 以上，无霜期大于 160 d，生长季日照时数达到 1750 h 以上，气温日较差大，光热条件充足。年降水量低于 200 mm，在夏秋果成熟阶段降水量少，枸杞黑果病发生风险相对较低，且有灌溉条件保障，水热条件可以较好地匹配。该地一年可以采收两季枸杞，产出的枸杞产量高、品质好，气候条件适宜枸杞种植。因此，该区有灌溉条件的地方可以扩大枸杞种植面积，提高茨农收入。

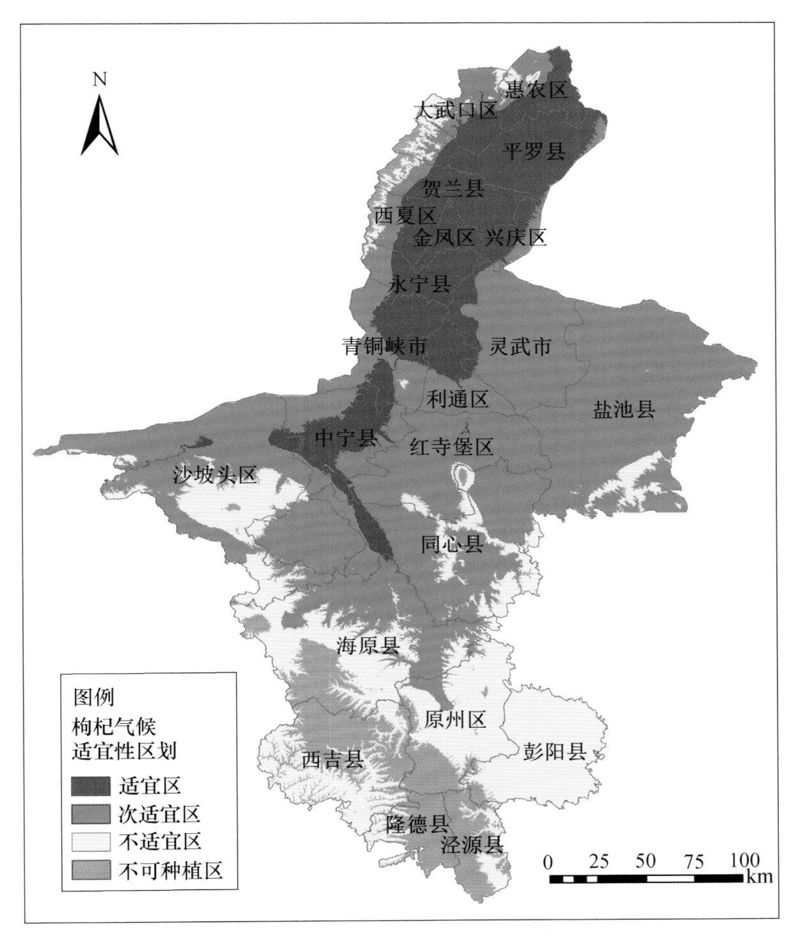

图 3-8 枸杞气候适宜性区划

次适宜区：主要分布在贺兰山前阳坡地带、沙坡头北部、兴仁、灵武、吴忠市大部地区，以及清水河下游的海原东部和北部、原州区三营和头营等地。该地区热量条件较好，稳定通过 5 ℃积温在 3000～3600 ℃ · d，生长季日照时数超过 1600 h，光热条件与适宜区类似。年降水量超过 200 mm，夏果期降水量较大，且 6 月下旬容易遭受干热害，属于枸杞种植次适宜区。该区可适当扩大枸杞种植面积，以优化产业结构。

不适宜区：主要分布在贺兰山海拔较高处、沙坡头中部和南部、红寺堡罗山、盐池麻黄山、海原西北和东南、原州区大部、西吉、隆德西北部、彭阳等地。该区域≥5 ℃积温一般在 2500～3000 ℃ · d，年降水量大于 360 mm。该地区分布有野生枸杞种，枸杞果实小，产量低，由于光热条件较差且采果期容易遇到较大的降水，易引起枸杞裂果和黑果病，产量低而不稳，很难产生高的经济效益，属于枸杞不适宜种植区。目前不建议继续扩大枸杞种植面积。

不可种植区：主要分布在南华山、月亮山、六盘山等山地周围，包括海原西南部、西吉北部、原州区西南部、隆德和泾源等地。该地区≥5 ℃积温一般在2500 ℃·d以下，生长季日照时数普遍小于1300 h，热量资源较差，光照条件严重不足。年降水量>360 mm，且集中在枸杞果实成熟期，枸杞黑果病和裂果病发生风险高，属于枸杞不可种植区。

3.7 酿酒葡萄气候区划

（1）区划指标

见表3-9。

表3-9 酿酒葡萄气候区划指标

分区名称	≥10 ℃积温（℃·d）	水热系数（K_{8-9}）	9月降水量（mm）	生长季日照时数（h）
适宜区	>3100	<1.5	≤50	>1550
次适宜区	2800～3100	1.5～2.5	>100	1250～1550
不适宜区	2500～2800	>2.5	>100	≤1250
不可种植区	<2500	>2.5	≥120	≤1250

（2）分区及评述

适宜区：包括宁夏平原和清水河流域同心段，罗山东、西麓等，贺兰山东麓原产地保护区的绝大部分处于气候适宜区内（图3-9）。这一带海拔1100～1250 m，受贺兰山屏障保护，光热资源丰富，80%气候保证率下≥10 ℃活动积温在3100～3600 ℃·d，无霜期150～160 d，降水稀少，年降水量150～300 mm，水热系数普遍低于1.5，年日照时数2800～3000 h，生长季日照时数在1700～1900 h，光热资源丰富；昼夜温差大，生长季昼夜温差达到12～14 ℃；气候干燥，年干燥度在2.58～2.99。年平均空气相对湿度在45%～55%，葡萄采收期降水量小，是宁夏酿酒葡萄生长的适宜区；能保证中、晚熟葡萄的正常发育和品质形成。

次适宜区：分布在灵武东部、盐池、清水河两边山地丘陵、彭阳红河、汝河河谷地带，这一带海拔1200～1500 m，80%气候保证率下≥10 ℃活动积温在2800～3100 ℃·d，无霜期140～150 d，年日照时数2500～2800 h，水热系数在1.5～2.5。这一带热量资源略不足，降水量在200～300 mm，种植酿酒葡萄需要有灌溉条件保障。随着气候变化，彭阳汝河和红河谷地的热量条件已经能达到早熟品种的要求，将来可望发展一些早熟品种，尝试发展葡萄不埋土越冬种植。

不适宜区：分布在中卫香山、海原北部、同心大部、盐池的王乐井、大水坑一线，另外，还有彭阳东南部的低海拔区域，原州区三营一带。这一带≥10 ℃活动积温在2500～2800 ℃·d，无霜期在140～150 d，降水量大部分在250～300 mm，热量保证率低，目前还不适宜酿酒葡萄种植。

不可种植区：主要分布在沙坡头香山地区、海原南华山区、西吉、隆德、泾源、原州区南部、彭阳西北部，这一带≥10 ℃活动积温低于 2500 ℃·d，无霜期低于140 d，不可种植酿酒葡萄。

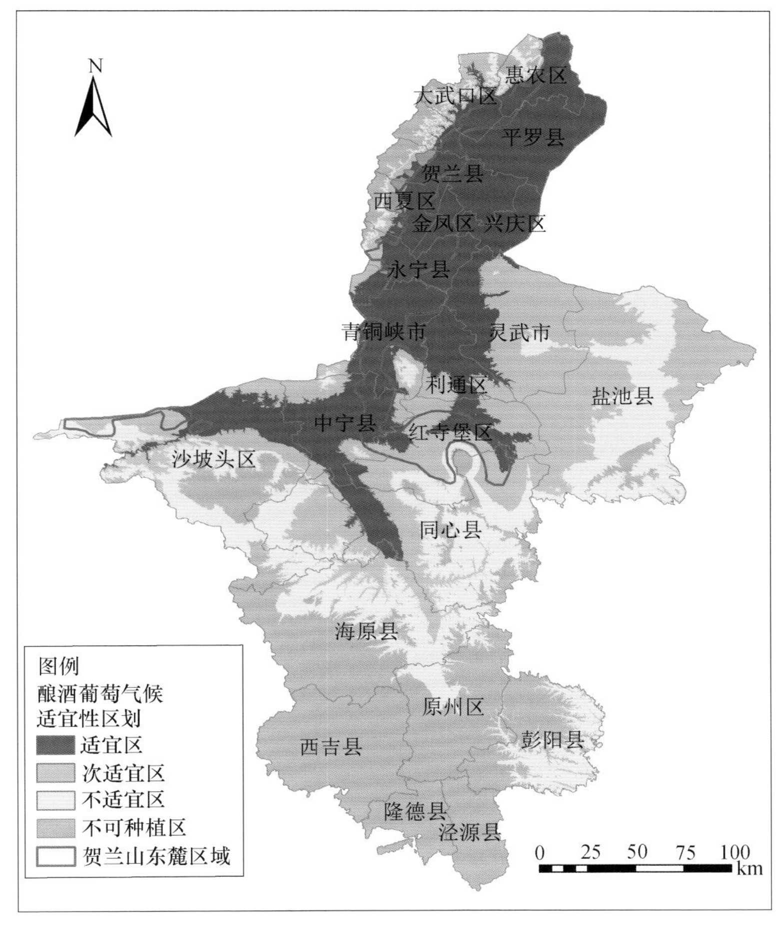

图 3-9　酿酒葡萄气候适宜性区划

3.8　苹果气候区划

苹果是蔷薇科苹果亚科苹果属植物，为落叶乔木。苹果的营养价值极高，含大量的矿物质、维生素以及钾、钙元素，可代谢掉人体内多余的盐分，苹果酸可代谢多余的热量，防止肥胖，对人身体健康大有裨益；苹果是低热量食物，每 100 g 仅产生约 240 kJ 的热量。苹果与葡萄、柑橘、香蕉并称为世界四大水果，是新中国成立以来发展最快的果树之一，栽培面积不断扩大，品种数量也在不断增加，产量也在逐步增加。目前，全国大部分省（区）都有苹果的栽培生产。在宁夏主要栽培品种有富士系、嘎啦系、金冠系、元帅系等（李芳红，2020）。

(1)区划指标

见表3-10。

表3-10 苹果气候区划指标

气候适宜性区划指标	年平均气温(℃)	年降水量(mm)	干燥度
适宜	>8.0	≥500	2.5～4.0
次适宜	7.0～8.0	420～500	<2.5或≥4.0
不适宜	6.0～7.0	300～420	<2.5或≥4.0
不可种植区	<6.0	<300	<2.5或≥4.0

(2)分区及评述

适宜区:主要分布在平罗东南部的姚伏,贺兰的立岗、习岗,银川的金凤区和兴庆区,永宁南部的望洪、李俊,灵武西部的梧桐树、郝家桥,青铜峡叶盛、大坝、广武,利通区的古城、高闸、扁担沟,红寺堡镇,中宁的大战场、新堡、恩和、鸣沙,沙坡头区宣和、南山台子等地(图3-10)。适宜区集中在北部灌区,这一带光热充足,昼夜温差大,降水稀少,但有灌溉条件保证,干燥度适宜,整体水热资源匹配较好,有助于形成优品果。重点以中晚熟苹果品种为宜。

次适宜区:主要分布在银川灌区贺兰山前,包括惠农、大武口、平罗、贺兰、西夏区、永宁、青铜峡的西部区域,沙坡头北部灌区;盐池惠安堡灌区、同心下马关灌区、固海扬黄灌区和扩灌区;以及固原东部炭山、官厅、河川,彭阳中北部王洼、草庙、罗洼,以及红河、汝河河谷;西吉西南兴隆、隆德西北的联财、泾源东部的新民等地。次适宜区中的银川、卫宁灌区和中部扬黄灌区光热条件充足,降水稀少,有灌溉条件保证,但大部分区域处于贺兰山山前或者沙漠边缘,中部干旱带上则多风,干燥度大,空气过于干燥,对苹果结实率和果形有一定影响。南部黄土丘陵区热量略显不足,光照条件有限,降水变率大,造成苹果在有些年份不能正常成熟,或者品质欠佳,这一带主要以早中熟苹果为主,发展苹果需要一定的人工措施辅助,如铺设反光膜改善光照条件,铺设黑膜增加地温,并配合树形修剪和补灌措施。

不适宜区:主要分布在盐池一同心一海原一带以南的中南部山区大部分地区,包括盐池、同心和海原的南部,原州区和西吉大部、隆德西部和泾源新民等地。这些区域降水量在420 mm以下,年平均气温在7.0 ℃以下,热量资源不足,降水量偏少,苹果酸度高,口感粗涩,品质较差,遭受干旱、霜冻等灾害风险较大,发展苹果产业成本高,效益低。

不可种植区:贺兰山东麓山地区域,以及中宁南部的喊叫水和徐套、沙坡头区大部、海原北部、利通区南部、红寺堡部分地区;西吉、原州区、隆德、泾源、沿六盘山区山地,这些区域光照不足,水、热资源匹配差,无法满足苹果正常生长发育。

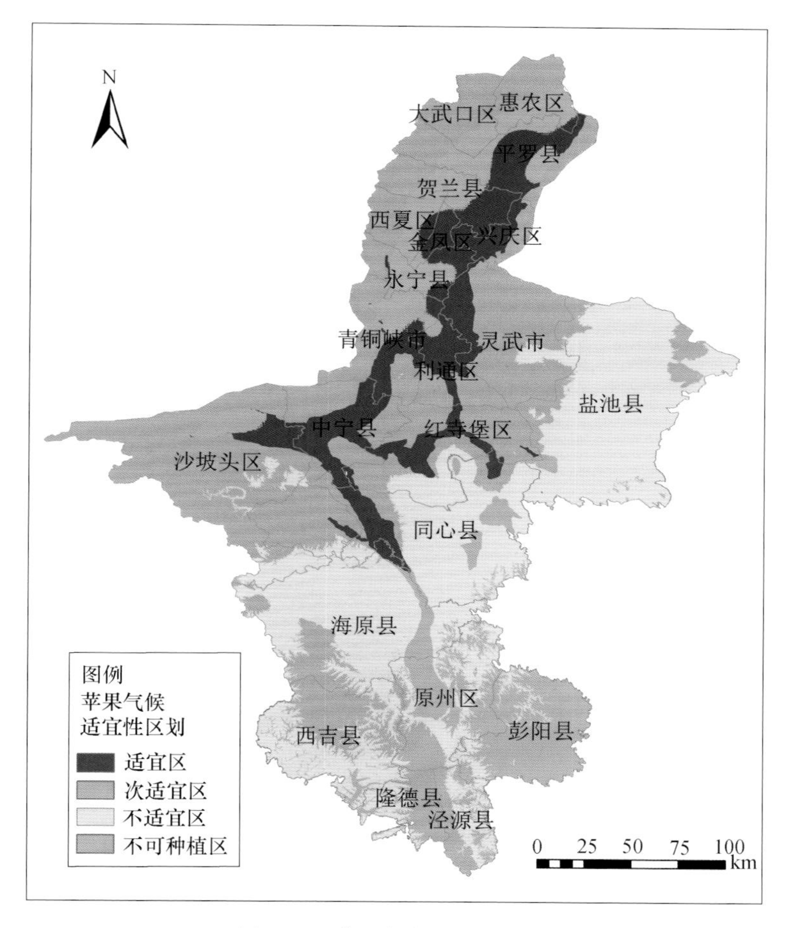

图3-10 苹果气候适宜性区划

3.9 枣气候区划

枣属于鼠李科枣属，原产于我国黄河中下游地区，枣已有7000年的栽培历史，是重要的经济林树种。枣含有丰富的营养物质和维生素，有很高的药用价值和营养价值。宁夏地区现有114个红枣品种，主要有灵武长枣、中宁圆枣、同心圆枣、灰枣、骏枣及野生酸枣等。现有品种的果实用途广泛，主要包含鲜食、制干、干鲜兼用、蜜枣制作和观赏等用途(张昊，2019)。

(1)区划指标

见表3-11。

表 3-11　枣气候区划指标

分区名称	年平均气温(℃)	6月份平均相对湿度(%)	9月份降雨量(mm)
适宜区	≥8.0	≥45	<25
次适宜区	7.0～8.0	40～45	25～45
不适宜区	6.0～7.0	<40	45～65
不可种植区	<6.0	<40	≥65

(2)分区及评述

适宜区：主要分布在平罗南部的姚伏、通伏，银川大部、青铜峡大部、利通区、沙坡头区北部的柔远、镇罗，中宁枣园、渠口、鸣沙、白马、长山头、余丁，红寺堡区大河乡，同心豫海镇等地(图 3-11)。这些地区年降水量在 200 mm 左右，且地处引黄灌

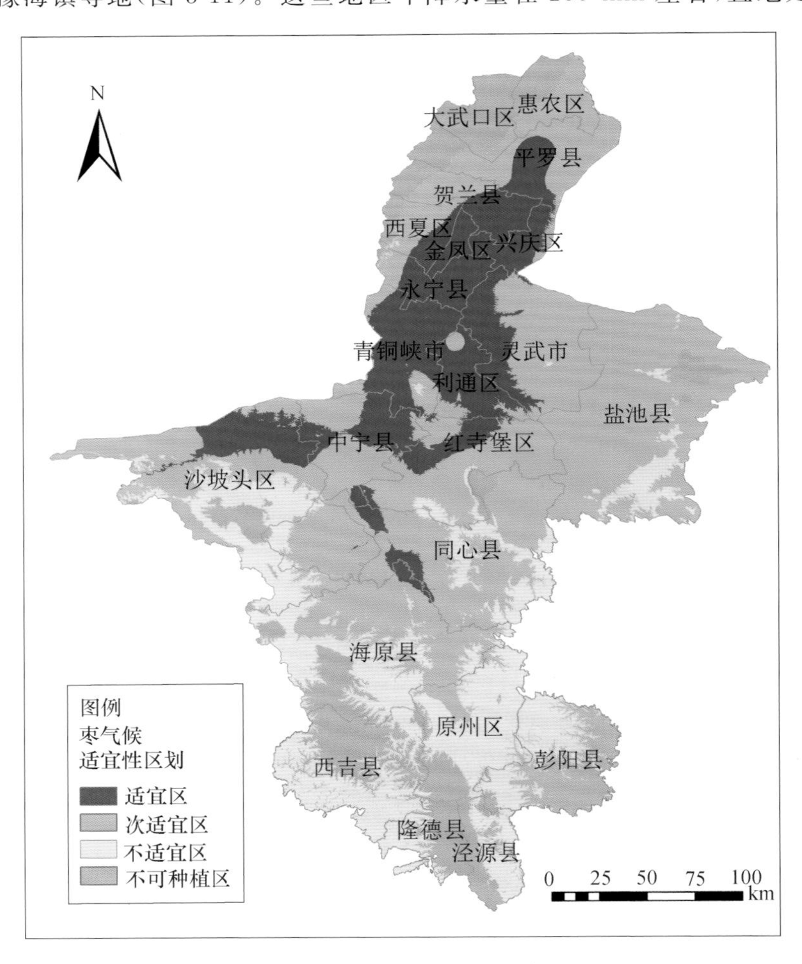

图 3-11　枣气候适宜性区划

区，光、温、水条件匹配较好，是宁夏鲜食红枣的主要生产基地。另外，盐池西北部分区域、同心南部、海原东部、原州区西北部分区域，这些地区年平均气温>8.0℃，6月份空气湿度大于45%，有助于枣树坐果。9月份降水稀少，有利于鲜食红枣产量的形成和品质的提高。

次适宜区：主要分布在平罗大部、贺兰西部、西夏区、永宁西部、灵武东部、沙坡头区大部、中宁南部、红寺堡区中南部、盐池大部、同心中北部、海原北部、原州区北部部分地区、彭阳东南部等，这些地区年平均气温大于7.0 ℃，气候条件能满足枣的生长发育；6月份空气湿度40%～45%，空气干燥；9月份降水略多，收获期降水较多，枣品质不高。这些地区种植枣树需要补光、补湿和补灌等技术措施，同时要辅以枣树整形、修剪等技术。

不适宜区：包括中卫香山地区、盐池麻黄山、海原西南部、西吉西南部、原州区大部、彭阳北部、泾源东部等地，这些地区气温偏低，光照不足，枣开花坐果期空气干燥不利于坐果，枣产量低；9月份降水过多，品质差，这些区域种植枣产量低、效益差，遭受干旱、大风等灾害的风险大。

不可种植区：主要分布在贺兰山高山区、南华山、月亮山、六盘山山地。这些地区光照不足，水热条件匹配性差，无法满足枣的正常生长发育。

3.10 桃气候区划

桃属于蔷薇科桃属，落叶小乔木。果实多汁，可以生食或制桃脯、罐头等，核仁也可以食用。果肉有白色和黄色的，桃有多种品种，一般果皮有毛，油桃的果皮光滑；蟠桃果实是扁盘状。宁夏种植的桃有毛桃、油桃、蟠桃等，代表品种有北京7号、大久保、春雪、中桃金铭、瑞光系列等。桃树不耐低温，桃树越冬期的抗寒力为−25～−20 ℃；自然休眠期之后当气温降到−18～−15 ℃桃花芽就会受冻。2008年全区性的低温冻害，宁夏的桃树90%以上全部冻死（陈艳玲 等，2012）。

（1）区划指标

见表3-12。

表3-12 桃气候区划指标

指标	适宜区	次适宜区	不适宜区	不可种植区
年平均气温（℃）	8～14	7～8	6～7	<6
年降水量（mm）	420～500	380～420或>500	330～380	<330
生长季相对湿度（%）	60～70	50～60，70～80	<50或>80	

注：灌区不考虑降水量限制。

(2)分区及评述

适宜区：仅在灵武西北部的局部地区，这一区域在三县交汇处(图 3-12)，年平均气温 9.4 ℃，年降水量不足 300 mm，但由于地处引黄灌区，水汽输送汇集造成局地小气候湿度大，再加上热量资源充足，空气较湿润，属于桃气候适宜区。

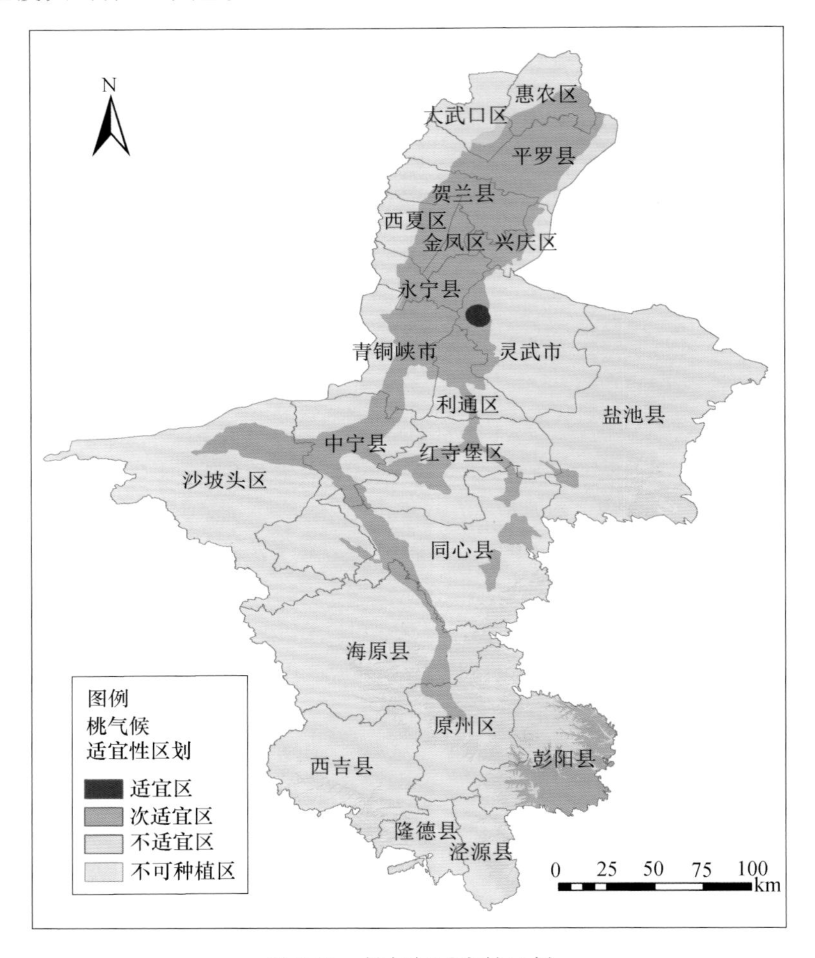

图 3-12　桃气候适宜性区划

次适宜区：主要分布在大武口区南部、惠农区东南部、平罗大部、银川大部、青铜峡大部、利通区大部、灵武西部部分区域、沙坡头区东部、中宁部分区域、红寺堡区北部部分区域，这些地区年降水量在 200 mm 左右，且地处引黄灌区，水热资源丰富；另外，同心西部部分区域、彭阳东南部也属于该区，这些地区年平均气温>7 ℃，年降水量>400 mm，但空气干燥，日照强烈，易造成桃灼伤，总体气候条件较适宜桃优质、高产。

不适宜区：主要分布在盐池南部部分区域、同心南部部分区域、海原东南部部分区域、原州区北部、彭阳北部等。这些地区年降水量＞400 mm，但年平均气温＜7 ℃，热量资源偏少，气候条件能满足桃的生长发育，但品质较差。

不可种植区：主要分布在贺兰山东麓沿山地区、中宁大部、沙坡头区大部、利通区南部、灵武大部、盐池大部、红寺堡区大部、同心大部、海原大部、原州区南部、西吉、隆德、泾源。这些地区水热条件匹配性差，无法满足桃的正常生长发育。

3.11 红梅杏气候区划

红梅杏，乔木，高 5～8 m。熟透的红梅杏，其色半红半黄，圆润饱满，色、香、味俱全。种仁味苦或甜。花期 3—4 月份，果期 6—7 月份，果实外形近似圆形，果皮阳面呈红色，阴面呈黄色，果肉细腻多汁，酸甜可口。理化指标：可溶性固形物≥13.5%，总糖≥8.1%，总酸≤1.2%，单果重 40 g 左右。红梅杏是固原地区经过多年驯化后的乡土树种，其适应性强、耐旱、耐瘠薄、抗病虫能力强。宁夏境内栽培的红梅杏大部分是由 1988 年从陕西省果树研究所引进，在固原上黄生态试验站果园定植。2001—2010 年，在固原市原州区彭堡镇、头营乡马园村、河川乡骆驼河村、上黄村，以及彭阳红河流域、汝河流域、隆德沙塘镇、联财镇，西吉田坪乡等乡镇都有红梅杏栽培（吴国平 等，2020）。

（1）区划指标

见表 3-13。

表 3-13 红梅杏气候区划指标

指标	适宜区	次适宜区	不适宜区
年平均气温(℃)	6.0～7.5	7.5～9.0	＜6.0 或＞8.0
年降水量(mm)	≥375	300～375	＜300

注：灌区不考虑降水量限制。

（2）分区及评述

适宜区：适宜区比较集中连片，主要集中在原州区东北部的彭堡镇、头营镇、炭山乡、寨科乡、官厅镇、河川乡，彭阳的白阳镇、古城镇、王洼镇、红河镇、城阳乡、新集乡、草庙乡、孟塬乡、冯庄乡、交岔乡、罗洼乡、小岔乡等区域，以及隆德的张程乡、杨和乡，泾源的泾河源、香水镇等地（图 3-13）。这一带年平均气温 7.0～7.5 ℃，降水量 375～700 mm，海拔高度在 1500～2100 m，土壤以黄绵土为主，土层深厚，保水性好，是种植红梅杏的适宜气候区。目前原州区、彭阳已规模发展，形成了红梅杏特色产业带。彭阳红梅杏已列入中国国家地理标志产品。

次适宜区：包括盐池麻黄山，同心张家塬，海原甘城乡、七营镇、史店乡，原州区三营镇，西吉沙沟乡，这一带降水量在 300～375 mm，年际间降水保证率偏低，有些年份干旱造成红梅杏生理性落果；并且这一带海拔较高，容易受霜冻灾害影响，是霜冻中高风险区。另外，在彭阳红河、汝河河谷地带也是红梅杏的次适宜区，这一带降水量大，但因为春季升温快，霜冻危害时有发生，同时遭受连阴雨的风险也较大。

不适宜区：包括宁夏引黄灌区、中部干旱带的盐池中北部、同心中北部、海原北部，这一带降水量低于 300 mm，无法满足红梅杏生产的水分需求，同时在红梅杏果树生长期，气温过高，成熟过快，生产的红梅杏风味品质欠佳。固原南部、隆德大部、泾源大部年平均气温低于 6.0 ℃，难以满足红梅杏正常生长的热量需求。

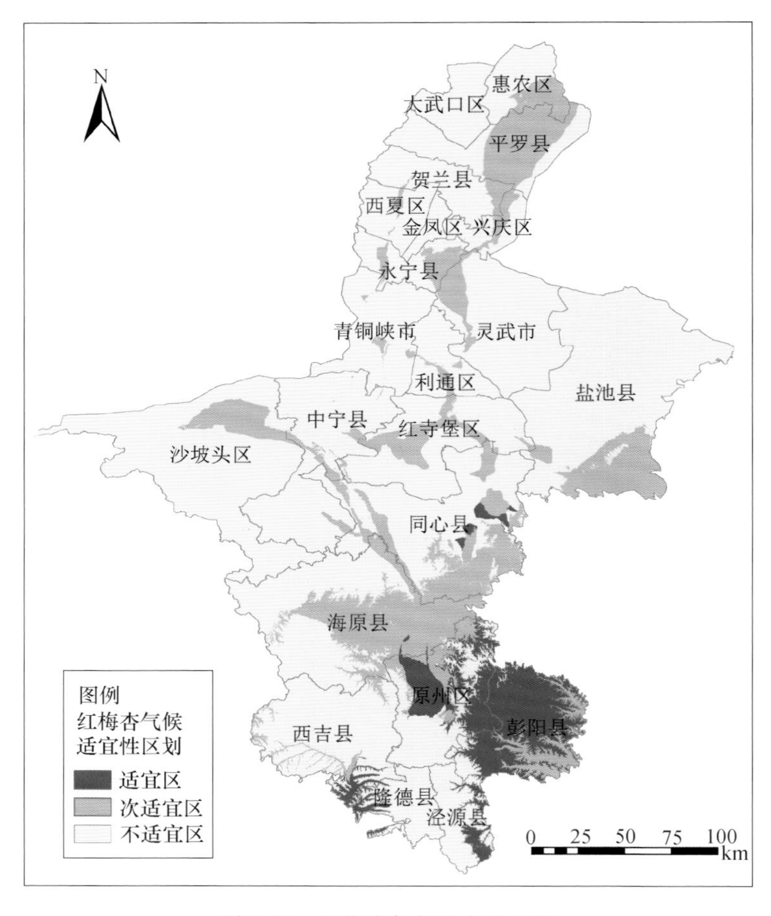

图 3-13 红梅杏气候适宜性区划

3.12 苜蓿气候区划

苜蓿为豆科多年生牧草，是苜蓿属(*Medicago*)植物的通称，原产于欧洲与美洲。苜蓿属豆科多年生牧草，是一种优良的饲草资源。宁夏苜蓿种植主要为紫花苜蓿，主要分布在固原、海原、盐池、同心、灵武等地。紫花苜蓿为多年生豆科牧草，具有抗逆性强、产量高、利用年限长、种植范围广等特点，且适口性好、营养均衡而全面，为各种家畜所喜食，享有“牧草之王”的美誉(李涛 等，2019；奥海玮，2020)

(1)区划指标

见表3-14。

表3-14 苜蓿气候区划指标

分区名称	一级指标	二级指标
	年降水量(mm)	3—11月中旬平均气温(℃)
最适宜区	>500	≥12
适宜区	400～500	11～12
次适宜区	250～400	10～11
不适宜区	<250	<10

注：灌区不考虑降水量限制。

(2)分区及评述

最适宜区：宁夏苜蓿种植由点到面，由山区到川区，由旱地到水地发展迅速。沿黄河流域的银川平原、卫宁平原、沿清水河流域地区，以及红寺堡和同心局地扬黄小灌区(图3-14)，这些区域土壤以灌淤土、灰钙土等为主，土层深厚，虽然降水少，但有灌溉保障，水、热条件资源适宜，地势平坦，是苜蓿种植的最适宜区。

适宜区：主要分布在南部山区部分地区，包括原州区南部和东部、彭阳北部和西部、泾源东部、隆德西部和西吉东南部等地区，这些区域年降水量基本都在400 mm以上，能够满足苜蓿生长所需水分条件，3—11月中旬平均气温在11～12 ℃，天然气候条件好、病虫害少，适宜苜蓿生长。

次适宜区：主要分布盐池、同心和海原等地，这些区域大部光照资源丰富、热量条件好，但由于地下水位深、又无灌溉条件，风沙日数多；另外，原州区北部、隆德和泾源沿六盘山山地，大部年降水量在300～400 mm，3—11月中旬平均气温在10～11 ℃，属于苜蓿生长的气候次适宜区。

不适宜区：主要分布于中北部沿贺兰山山地以及没有灌溉保障的大部地区，这些地区热量条件较好，但大部年降水量在300 mm以下，且以风沙土、灰钙土为主，保水性差，很难满足苜蓿很好的生长，属于气候不适宜区。

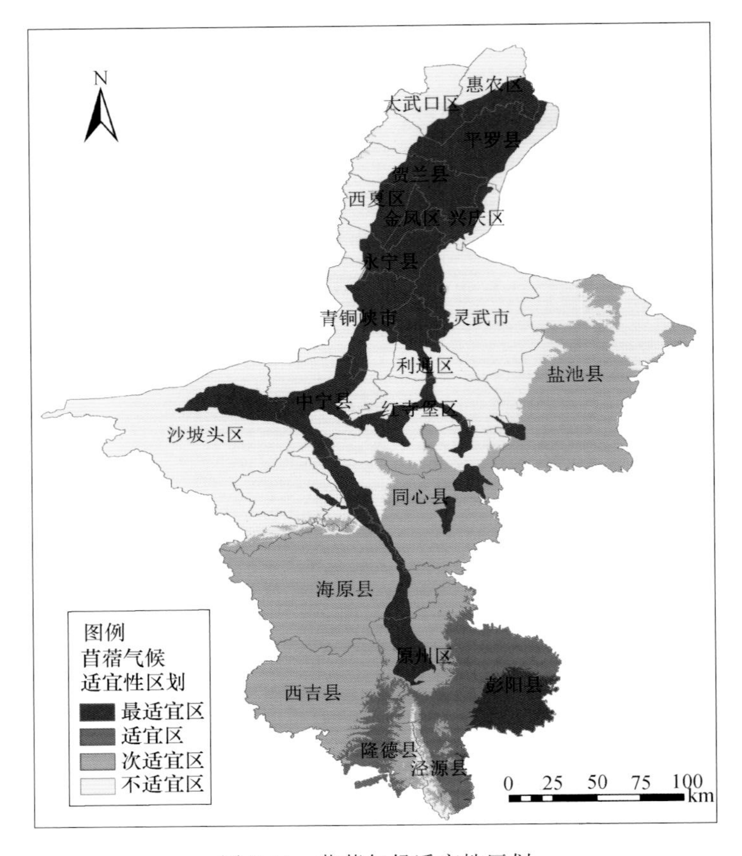

图 3-14 苜蓿气候适宜性区划

3.13 冷凉蔬菜气候区划

冷凉蔬菜,又叫高原夏菜、错季蔬菜、反季节蔬菜,是指适宜在气候冷凉地区夏季生产的蔬菜,其最适宜生长温度在 17～25 ℃。冷凉蔬菜品种主要包括:甘蓝、大白菜、萝卜类、西蓝花、洋葱、南瓜、莴笋、娃娃菜、生菜、芹菜、马铃薯等喜凉品类。我国的冷凉蔬菜主要集中在内蒙古、河北、宁夏、甘肃、青海、云南、四川、贵州的高原地带(张志斌,2012)。宁夏冷凉蔬菜主要集中在葫芦河、清水河、烂泥河流域的吉强 14 个乡镇 130 个行政村。

(1)区划指标

见表 3-15。

表 3-15　冷凉蔬菜气候区划指标

指标	最适宜区	适宜区	次适宜区	不适宜区
年平均气温(℃)	6～8	5～6 或 8～10	＜5 或＞10	—
年降水量(mm)	350～400	350～400	＞400	＜350

注:灌区不考虑降水量限制。

(2)分区及评述

最适宜区:主要分布在同心的张家塬,原州区的三营镇、头营镇、彭堡镇、寨科乡、清河镇,西吉的兴隆镇、将台堡,隆德的联财、神林等河川地(图 3-15)。这一带气候冷凉,年平均气温 6～8 ℃,年降水量 350～400 mm,夏季最热月平均气温 18～20 ℃,最高气温不高于 32 ℃,夏季蔬菜生长期长,干物质积累多,口感好,品质优良,特别适宜于叶菜类冷凉蔬菜种植。

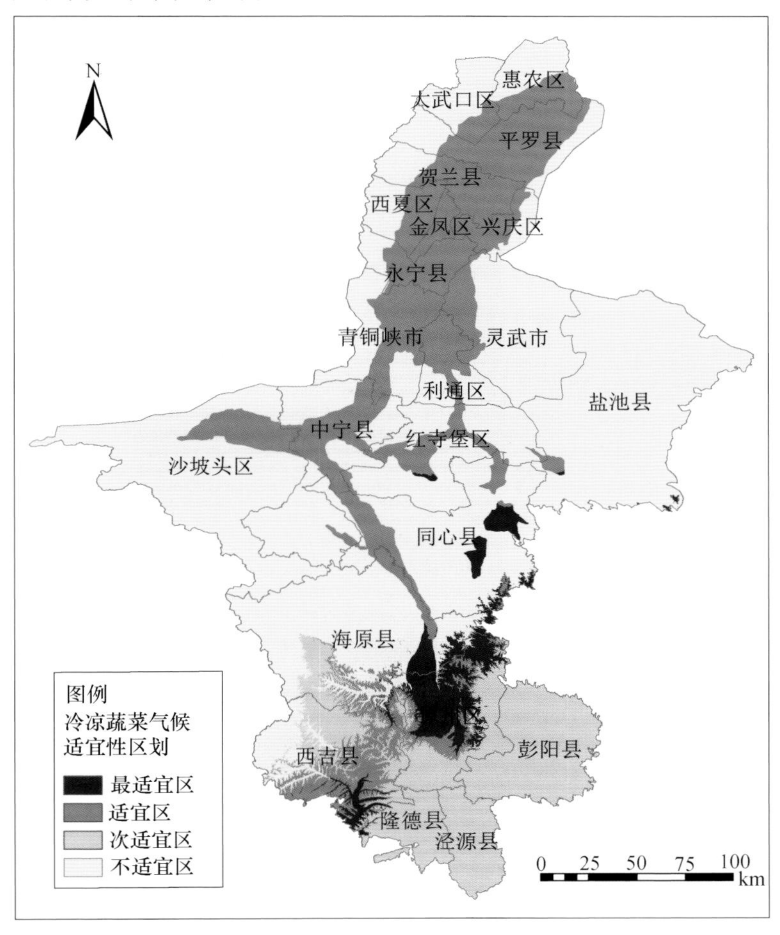

图 3-15　冷凉蔬菜气候适宜性区划

适宜区：主要分布在广大的引黄灌区和扬黄灌区。这一带有黄河水灌溉保障，年平均气温在8～10 ℃，适宜于果菜类番茄、茄子、辣椒、南瓜、豆类、茭瓜等蔬菜生产，集中在9月上市。还有一些分布在西吉的沙沟乡、白崖乡、西滩乡、王民乡、将台乡和兴坪乡一带。这一带年平均气温6 ℃左右，蔬菜生长期长，年降水量普遍在350 mm以上，适宜于喜凉叶菜类蔬菜种植。

次适宜区：主要分布在海原的关庄乡和红羊乡、西吉火石寨、原州区易镇、隆德、泾源、彭阳等地，这一带年平均气温在4～5 ℃，降水量大于400 mm，降水保证率高，阴雨天多，气温偏低，可以利用河谷川地发展一些冷凉蔬菜。

不适宜区：引黄灌区周边、中部干旱带的旱地，因降水不足，不适宜发展冷凉蔬菜。

第4章 作物种植区划

4.1 酿酒葡萄种植区划

(1)区划指标

风土是葡萄植株以外的自然因素的总和,包括气候、地形、地貌和土壤等。考虑到地形、地貌等对小气候的影响已经在气候因子的推算中考虑,为避免重复计算,在酿酒葡萄风土区划中不再考虑地形、地貌的影响,在气候区划的基础上,考虑土壤类型对葡萄区域化分布的影响,采用逐步分区法开展酿酒葡萄的风土区划。土壤因子考虑了土壤类型的影响,其区划标准见表4-1。土壤类型分级和气候区划分级判别规则见表4-2。经气候区划和土壤区划再分级的酿酒葡萄风土区划叠加上酿酒葡萄综合灾害风险,综合灾害风险指数是根据每个站点每类灾害等级值再乘以每类灾害的影响系数(霜冻、越冬冻害、连阴雨、大风影响系数分别为0.5、0.3、0.1、0.1),计算的灾害综合风险指数,再按照自然断点法进行综合灾害风险分级,得到酿酒葡萄综合灾害风险(图4-2)。按照表4-3的分级原则,制作出酿酒葡萄种植分布图,结果见图4-2。

表4-1 酿酒葡萄土壤分类指标及标准

土壤分区	土壤类型
最适宜区	灰钙土+粗骨土
适宜区	灰钙土、风沙土(流动风沙土除外)、灰钙土+风沙土
次适宜区	粗骨土、灌淤土、黄绵土、黑垆土、新积土、灰褐土等
不适宜区	流动风沙土、碱土、盐土、潮土、沼泽土

表4-2 酿酒葡萄风土适宜性区划判别规则

气候分区	土壤类型分类	风土区划等级	风土适宜性区划判别规则
C1:气候适宜区	S1:最适宜区	E1:风土最适区	$E1=C1\cap S1$
C2:气候次适宜区	S2:适宜区	E2:风土适宜区	$E2=C1\cap S2$
C3:气候不适宜区	S3:次适宜区	E3:风土次适宜区	$E3=C1\cap S3$ 或 $C2\cap(S1\cup S2\cup S3)$
	S4:不适宜区	E4:风土不适宜区	$E4=S4\cap(C1\cup C2\cup C3)$ 或 $C3\cap(S1\cup S2\cup S3)$

表 4-3　酿酒葡萄种植区划判别规则

生态区划等级	酿酒葡萄综合灾害等级	酿酒葡萄种植区划等级
E1:生态最适宜区	低度	最适宜区
	中度	最适宜区
	高度	适宜区
	极高	次适宜区
E2:生态适宜区	低度	适宜区
	中度	适宜区
	高度	次适宜区
	极高	不适宜区
E3:生态次适宜区	低度	次适宜区
	中度	次适宜区
	高度	不适宜区
	极高	不可种植区
E4:生态不适宜区	低度	不适宜区
	中度	不适宜区
	高度	不可种植区
	极高	不可种植区

(2)分区及评述

最适宜区:分布在大武口区的石炭井大磴沟谷地、西夏王陵留世酒庄、青铜峡鸽子山、中宁白马乡、中宁石空,沙坡头北长滩黄河谷地(图 4-1 和图 4-2),面积达到 217 km^2(折合 32.55 万亩),这一带光热资源丰富,活动积温大,降水稀少、空气干燥,昼夜温差大,受局地地形影响,气象灾害少。土壤以砾石灰钙土、淡灰钙土为主。目前开发种植的有西夏王陵片区的留世酒庄、鸽子山的西鸽酒庄等。目前尚未开发的是中宁白马乡片区、沙坡头北长滩黄河谷地,这一带具备灌溉条件,需要加大开发利用力度。大武口的石炭井、大磴沟、中宁的石空一带,由于缺少水源,加上工业矿区粉尘,给优质风土资源开发利用带来困难。

适宜区:主要分布在贺兰山东麓葡萄地理保护区内的贺兰金山、镇北堡、闽宁镇、黄羊滩、甘城子、鸽子山、红寺堡等;除此之外,还有兴庆区的红墩子、利通区的孙家滩、中宁的长山头、清水河流域的河西镇一带(图 4-2)。面积达到 4237 km^2(折合 635.6 万亩),优质气候资源蕴含丰富,80%气候保证率下≥10 ℃活动积温在3100～

3600 ℃·d，无霜期 150～160 d，降水稀少，年日照时数 2800～3000 h，昼夜温差大，生长季昼夜温差达到 12～14 ℃。霜冻、越冬冻害、大风风险相对较低，除红寺堡连阴雨较多外，其他地区连阴雨少，是种植酿酒葡萄的黄金地带，重点发展中晚熟品种为主的酿酒葡萄，酒种以干红、干白和半甜型酒为主。

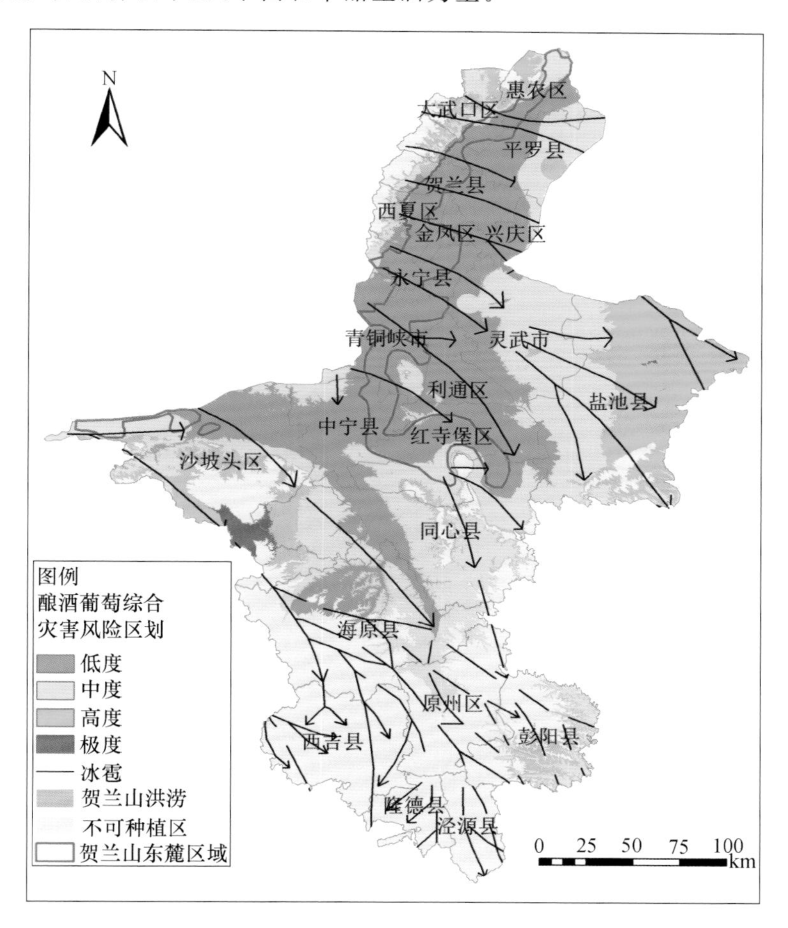

图 4-1 酿酒葡萄综合灾害风险区划

次适宜区：主要分布在广大的银川灌区腹地，包括平罗、贺兰东部、金凤区、永宁东部、利通区北部、青铜峡东部；灵武大部等银川灌区。这一带光热充足，降水稀少，灾害风险低，但地下水位高，土壤较肥沃且以灌淤土为主，对酿酒葡萄品质有一定影响。其他地区包括盐池西部、红寺堡东北和西南，清水河流域的七营、李旺、王团等地，这一带 80%保证率下≥10 ℃活动积温在 2800～3100 ℃·d，无霜期 140～150 d，年日照时数 2500～2800 h。这一带热量略显不足，降水量在 250～350 mm，霜冻、越冬冻害发生风险较低，但大风、连阴雨发生风险中高；土壤以黄绵土、新积土为主。在有灌溉水保证的前提下，北部银川灌区可以种植一些晚熟酿酒葡萄，酒种以干红为主。可以发展一些早熟、中熟的酿酒葡萄品种，酒种以干白、气泡酒为主。

不适宜区：主要分布在平罗的西大滩、灵武西部、沙坡头腾格里沙漠边缘等，因土壤盐渍化重，灵武西部、沙坡头多流动沙丘，这一带不适宜于种植酿酒葡萄。另外，盐池东部、同心南部、海原北部、原州区三营等地无霜期短，热量不足，生产的酿酒葡萄成熟度不好，品质欠佳。

不可种植区：主要分布在贺兰山、罗山、宁南黄土丘陵区的南华山、原州区、西吉、隆德、泾源、彭阳大部。这一带无霜期短，降水量大，日照时间短，综合灾害风险高，种植酿酒葡萄难以达到经济产量。中卫香山灾害风险高，霜冻、大风发生重，加上热量资源不足；盐池中部为流动沙地，这些地区不可种植酿酒葡萄。

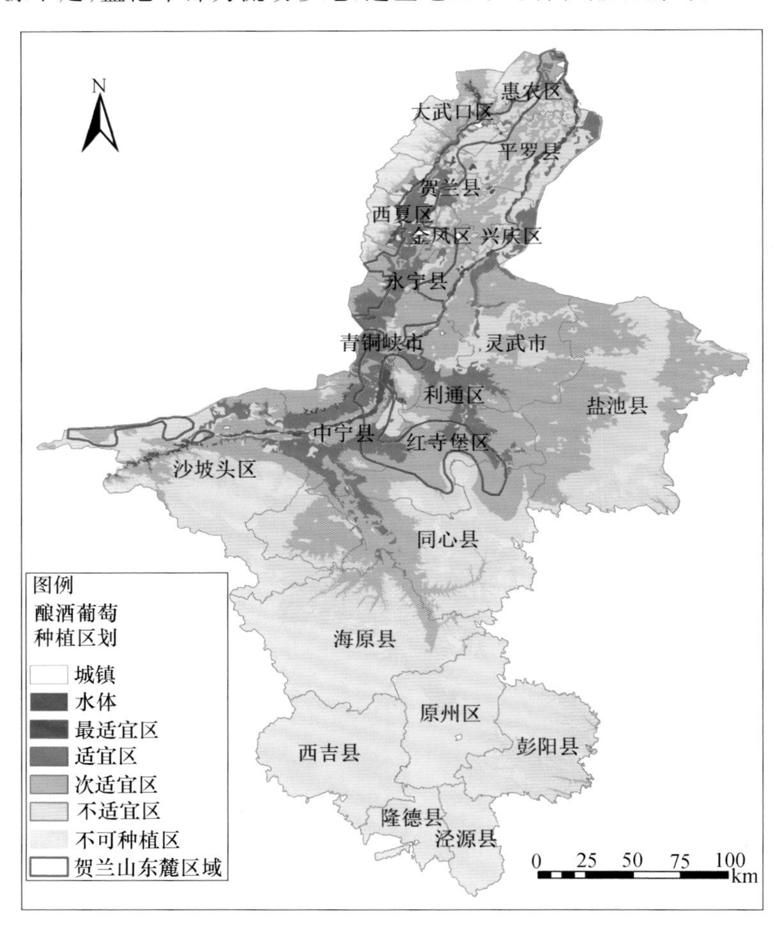

图 4-2 酿酒葡萄种植区划

4.2 冷凉蔬菜种植区划

(1)区划指标

见表 4-4。

表 4-4 冷凉蔬菜种植区划指标

指标	最适宜区	适宜区	次适宜区	不适宜区	不可种植区
年平均气温(℃)	6～8	5～6 或 8～10	<5 或>10	—	—
年降水量(mm)	350～400	350～400	>400	<350	—
坡度(°)	<5	<5	<5	≥5	≥5

注:灌区不考虑降水量限制。

(2)分区及评述

最适宜区:分布在同心的下马关、予旺等有灌溉条件的区域,固海扬水扩灌区的七营镇、三河镇、三营镇、头营镇和彭堡镇(图 4-3)。这一带年平均气温 6～8 ℃,夏季无高温热害,光照充足,降水适中,空气湿度较大,地势平坦,有灌溉水保障,是最适宜冷凉蔬菜种植的集中连片区。另外,西吉蒋台—兴隆镇沿线的河谷川地、什字乡的河川谷地,也是冷凉蔬菜的最适宜种植区。

适宜区:宁夏引黄灌区、红寺堡灌区、惠安堡灌区、清水河流域同心段,这一带年平均气温 8～10 ℃,降水稀少,但有灌溉条件保障。另外,西吉马莲乡、肖河乡的一些河谷地带年平均气温 8～10 ℃,年降水量 350～400 mm,可通过库灌、积雨灌溉等方式解决蔬菜灌溉问题。

次适宜区:包括隆德的联财—神林—沙塘一线的河谷川地和彭阳的古城—白阳镇一线的河谷川地,这一带年平均气温在 4～5 ℃以下,蔬菜生长期长,降水量大于 500 mm,较适宜发展冷凉蔬菜。

不适宜区:贺兰山东麓坡地、灵武、盐池、红寺堡的部分地区,这些地区热量充足,光照条件好,但多处于坡地、丘陵上,灌水保障率低,不适宜发展冷凉蔬菜。

不可种植区:贺兰山、六盘山、罗山、南华山、月亮山等山地,土层薄、气温低,不可种植冷凉蔬菜。另外,宁南黄土丘陵区沟壑纵横、水土流失严重,地形复杂,地貌破碎,灌水保障率低,不可种植冷凉蔬菜。

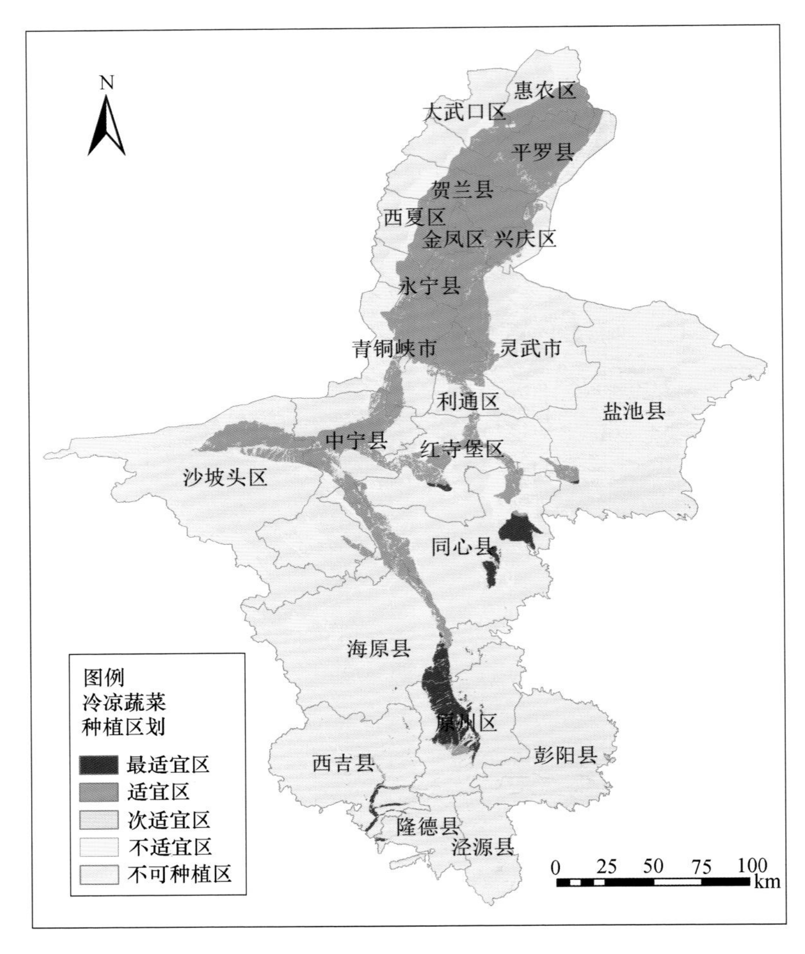

图 4-3　冷凉蔬菜种植区划

4.3　红梅杏种植区划

(1)区划指标

见表 4-5。

表 4-5　红梅杏种植区划指标

指标	适宜区	次适宜区	不适宜区	不可种植区
年平均气温(℃)	6.0～7.5	7.5～8.0	<6.0 或>8.0	
年降水量(mm)	≥350	300～350	<300	
海拔(m)	<1800	<1800	<1800	≥1800

(2)分区及评述

适宜区:适宜区比较集中连片,主要集中在原州区的炭山乡、寨科乡、官厅镇、河川乡,彭阳的白阳镇、古城镇、王洼镇、红河镇、城阳乡、新集乡、草庙乡、孟塬乡、冯庄乡、交岔乡、罗洼乡、小岔乡等区域,以及隆德的张程乡、杨和乡,泾源的泾河源、香水镇等地(图 4-4)。这一带年平均气温 7.0～7.5 ℃,降水量 375～700 mm,海拔高度在 1500～1800 m,土壤以黄绵土为主,土层深厚,保水性好,适宜种植红梅杏。目前原州区、彭阳已规模发展,形成了红梅杏特色产业带。彭阳红梅杏已列入中国国家地理标志产品名录。

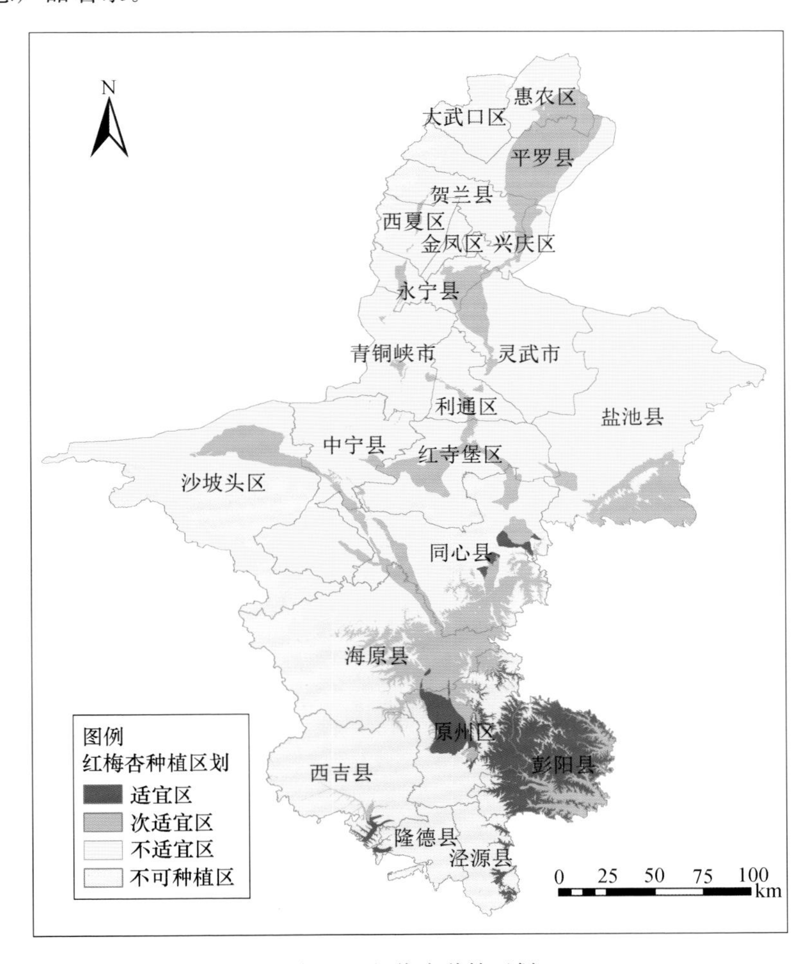

图 4-4　红梅杏种植区划

次适宜区:包括盐池麻黄山、同心张家塬、海原甘城乡、七营镇、史店乡、原州区的三营、头营、彭堡,西吉沙沟乡,这一带降水量在 300～375 mm,年际间降水保证率偏低,有些年份干旱造成红梅杏生理性落果;并且这一带海拔较高,容易受霜冻灾害影响，是霜冻中高风险区。另外，在彭阳红河、汝河河谷地带也是红梅杏种植的次适宜区，这一带降水量大，但因为春季升温快，霜冻危害时常发生，同时受到连阴雨危害的风险也较大。

不适宜区：包括宁夏引黄灌区、中部干旱带的盐池中北部、同心中北部、海原北部，这一带降水量低于 300 mm，无法满足红梅杏生长的水分需求，同时在红梅杏果树生长期，气温过高，成熟过快，生产的红梅杏风味品质欠佳。固原南部、隆德大部、泾源大部年平均气温低于 6.0℃，无霜期短，难以满足红梅杏正常生长的热量需求。

不可种植区：中卫香山、西华山、南华山、月亮山、六盘山区的高海拔地区，这些区域海拔普遍高于 1800 m，部分地区交通不便，气温过低，霜期长，霜冻危害严重，不利于形成经济产量，为红梅杏的不可种植区。

参考文献

奥海玮,2020. 宁夏干旱区气候要素与苜蓿生产力时空分布及关系模拟研究[J]. 农业科学研究,41(2):7-13.

曹雯,武万里,杨太明,等,2019. 宁夏枸杞炭疽病害天气指数保险研究[J]. 干旱气象,37(5):857-865.

陈艳玲,喻菊芳,吕国华,等,2012. 宁夏桃产业发展中存在的问题及对策[J]. 北方园艺(13):196-198.

杜燕萍,常克勤,穆兰海,等,2008. 宁夏丘陵地区发展荞麦生产的探究[J]. 内蒙古农业科技(3):89,120.

段晓凤,朱永宁,张磊,等,2020. 宁夏枸杞花期霜冻指标试验研究[J]. 应用气象学报,31(4):417-426.

郭晓雷,申双和,张磊,等,2019. 宁夏枸杞种植区春霜冻发生的时空分布特征分析[J]. 江苏农业科学,47(6):238-242.

金建新,何进勤,黄建成,等,2020. 宁夏中部干旱带不同灌水量对马铃薯生长、产量和品质的影响[J]. 西南农业学报(5):935-940.

李芳红,2020. 宁夏苹果品种生态区划[D]. 银川:宁夏大学.

李华,王艳君,孟军,2009. 气候变化对中国酿酒葡萄气候区划的影响[J]. 园艺学报,36(3):313-320.

李华,2008. 葡萄栽培学[M]. 北京:中国农业出版社.

李涛,李明雨,刘光瑞,等,2019. 宁夏引黄灌区10个紫花苜蓿品种越冬性综合评价[J]. 草原与草坪,39(3):9-14,25.

马力文,叶殿秀,曹宁,等,2009. 宁夏枸杞气候区划[J]. 气象科学,29(4):546-551.

苏占胜,秦其明,陈晓光,等,2006. GIS技术在宁夏枸杞气候区划中的应用[J]. 资源科学,28(6):68-72.

王连喜,李凤霞,黄峰,2008. 宁夏农业气候资源及其分析[M]. 银川:宁夏人民出版社.

吴国平,杨治科,2020. 宁南山区红梅杏产业发展现状与对策建议[J]. 宁夏农林科技,61(08):31-32,39.

张宝堃,朱岗昆,1959. 中国气候区划(初稿)[M]. 北京:科学出版社.

张昊,2019. 宁夏红枣种质资源调查及遗传多样性研究[D]. 银川:宁夏大学.

张磊,刘静,张晓煜,等,2007. 宁夏枸杞炭疽病病情判别的气象指标[J]. 中国农业气象,28(04):116-119.

张尚沛,李凯,程炳文,等,2021. 宁夏不同生态区种植模式对谷子产量的影响[J]. 农业科学研究,42(2):40-43.

张晓娟,程炳文,杨军学,等,2016. 15个谷子品种在宁夏4个区域的适应性鉴定与筛选[J]. 大麦与谷类科学,33(2):14-19.

张志斌,2012. 我国夏秋冷凉蔬菜的发展[J]. 中国蔬菜(15):4-6.

农业气候资源要素图表

附表 1 1981—2020 年主要气候资源要素年平均值

序号	站点	平均气温（℃）	降水量（mm）	日照时数(h)	日照百分率（%）	日较差（℃）	平均 10 min 风速（m/s）	水面蒸发量(mm)	潜在蒸散量 ET_0（mm）	无霜期日数（d）	生长季日数(d)	干燥度	积温(℃·d)			
													≥0 ℃	≥5 ℃	≥10 ℃	≥15 ℃
1	石炭井	8.6	181.4	3069.8	70	11.7	3.0	2483.6	1318.6	154	206	3.7	3757.2	3573.7	3186.0	2522.0
2	石嘴山	10.0	173.5	2872.1	65	13.2	1.5	2135.8	1201.8	165	218	4.2	4186.0	4022.6	3658.7	3035.2
3	惠农	9.6	172.0	3009.3	69	13.1	2.2	2180.0	1277.8	163	214	4.2	4068.4	3910.8	3539.5	2944.5
4	平罗	9.5	181.4	3005.0	69	13.3	2.2	1713.0	1189.6	163	216	3.8	4008.7	3840.3	3482.0	2864.3
5	陶乐	9.2	176.0	2982.3	68	13.7	1.7	1793.6	1197.5	158	211	4.1	3991.0	3823.6	3483.4	2863.2
6	贺兰	9.6	183.0	2942.3	67	13.0	1.0	1657.2	1151.2	166	217	4.0	4015.3	3857.8	3487.3	2839.0
7	银川	9.8	189.4	2784.8	63	12.5	1.8	1610.2	1174.7	171	221	3.8	4076.9	3914.5	3526.4	2905.8
8	灵武	9.4	193.6	2990.5	68	14.3	2.3	1743.1	1194.1	150	211	3.7	3925.3	3750.3	3370.3	2704.6
9	永宁	10.0	184.9	2901.5	66	12.9	1.7	1690.4	1188.6	169	222	4.0	4089.5	3922.1	3518.5	2894.8
10	青铜峡	9.9	185.5	3024.2	69	12.9	1.9	1819.6	1208.8	164	218	4.0	4030.4	3867.2	3459.2	2777.1
11	吴忠	10.3	191.1	2983.0	68	12.5	1.8	1855.1	1214.5	176	227	4.0	4161.6	3997.3	3584.3	2955.8
12	中宁	10.3	197.5	2967.7	68	13.2	2.1	1902.4	1271.7	169	222	3.8	4153.3	3995.4	3586.0	2862.2
13	中卫	9.5	185.0	2964.1	68	13.8	2.4	1815.1	1195.3	163	216	4.0	3932.3	3780.0	3392.3	2619.7
14	韦州	9.6	272.1	2854.1	65	12.6	2.5	2424.4	1275.2	161	216	2.6	3923.9	3729.2	3308.3	2549.0

续表

序号	站点	平均气温(℃)	降水量(mm)	日照时数(h)	日照百分率(%)	日较差(℃)	平均 10 min 风速(m/s)	水面蒸发量(mm)	潜在蒸散量 ET_0(mm)	无霜期日数(d)	生长季日数(d)	干燥度	积温(℃·d)			
													≥0 ℃	≥5 ℃	≥10 ℃	≥15 ℃
15	盐池	8.7	296.0	2846.6	65	13.6	2.1	1969.5	1181.4	150	208	2.3	3772.4	3588.0	3190.6	2466.9
16	同心	9.7	265.6	2925.9	67	13.3	3.1	2181.1	1265.9	168	220	2.8	3991.8	3826.6	3419.6	2683.7
17	兴仁	7.6	243.1	2940.5	67	14.2	2.9	2108.9	1201.4	144	203	2.6	3431.5	3244.2	2820.5	2022.1
18	海原	7.9	381.8	2672.1	61	10.8	2.3	1789.2	1157.5	155	208	1.7	3329.8	3101.1	2634.1	1722.7
19	固原	7.2	452.5	2553.7	59	11.7	2.4	1471.2	1034.6	144	201	1.3	3176.4	2964.3	2499.3	1620.9
20	西吉	6.0	409.2	2301.2	53	12.7	1.6	1315.9	924.3	130	195	1.3	2877.8	2669.2	2213.5	1288.0
21	隆德	5.9	512.2	2285.1	52	11.0	1.7	1245.3	923.6	128	195	1.0	2732.2	2503.4	1993.2	975.0
22	泾源	6.4	656.2	2286.6	53	10.6	2.3	1357.8	948.7	142	199	0.8	2826.7	2579.2	2056.2	1013.4
23	彭阳	8.3	473.9	2367.3	54	13.3	1.8	1387.0	985.8	145	211	1.3	3481.5	3290.5	2853.8	2032.1

附表 2　1981—2020 年主要气候资源要素 80%保证率

序号	站点	平均气温(℃)	降水量(mm)	日照时数(h)	日照百分率(%)	日较差(℃)	平均 10 min 风速(m/s)	水面蒸发量(mm)	潜在蒸散量 ET_0 (mm)	无霜期日数(d)	生长季日数(d)	干燥度	积温(℃·d)			
													≥0 ℃	≥5 ℃	≥10 ℃	≥15 ℃
1	石炭井	7.9	134.8	2946.4	68	11.2	3.0	2389.5	1278.3	145	200	2.8	3598.5	3449.0	3041.7	2396.5
2	石嘴山	9.6	127.0	2717.8	62	12.1	1.5	2002.0	1147.6	153	206	2.9	4078.6	3905.2	3511.7	2876.7
3	惠农	8.8	130.9	2889.2	66	12.7	2.0	2058.8	1243.4	148	204	2.9	3867.1	3699.5	3315.9	2746.2
4	平罗	8.7	147.9	2927.3	67	12.5	2.0	1622.6	1152.0	152	204	2.8	3811.8	3629.2	3288.3	2688.1
5	陶乐	8.6	130.5	2885.6	66	13.3	1.6	1654.3	1156.9	147	202	2.8	3840.4	3687.4	3307.7	2716.6
6	贺兰	9.1	144.5	2779.6	63	12.5	0.8	1522.7	1085.1	155	207	2.8	3878.7	3707.0	3329.1	2707.0
7	银川	9.0	153.2	2679.7	61	12.1	2.4	1541.6	1130.2	156	208	3.0	3821.0	3691.7	3305.0	2702.3
8	灵武	8.8	144.1	2893.9	66	13.8	2.2	1613.0	1147.8	141	201	2.7	3740.0	3591.7	3193.2	2492.6
9	永宁	8.9	148.3	2803.2	64	12.6	1.5	1568.8	1145.0	155	208	2.8	3771.3	3614.2	3232.0	2563.4
10	青铜峡	9.3	148.6	2931.3	67	12.4	1.7	1596.7	1138.2	151	207	2.9	3827.7	3657.5	3258.7	2592.0
11	吴忠	9.4	150.7	2827.8	64	12.2	1.7	1704.1	1165.4	163	215	3.0	3858.0	3675.7	3306.1	2668.2
12	中宁	9.5	152.0	2899.8	66	12.6	2.5	1803.1	1219.9	155	209	2.6	3928.6	3748.1	3355.0	2602.8
13	中卫	8.8	139.8	2865.4	66	13.6	2.2	1701.1	1132.9	148	207	2.6	3745.9	3550.7	3174.9	2391.4
14	韦州	8.8	207.3	2760.7	63	12.2	2.4	2251.3	1229.7	149	207	2.1	3717.6	3542.3	3130.4	2345.7
15	盐池	8.1	236.8	2725.9	62	13.1	2.3	1845.7	1134.7	141	201	1.9	3639.0	3455.9	3012.1	2315.9
16	同心	9.0	212.7	2822.2	65	12.9	2.9	2010.4	1226.3	159	209	2.0	3803.8	3633.4	3211.8	2449.7
17	兴仁	6.8	195.4	2840.5	65	13.4	2.8	1989.1	1161.2	133	192	1.9	3252.1	3075.2	2667.8	1850.6

续表

序号	站点	平均气温(℃)	降水量(mm)	日照时数(h)	日照百分率(%)	日较差(℃)	平均10 min风速(m/s)	水面蒸发量(mm)	潜在蒸散量 ET_0(mm)	无霜期日数(d)	生长季日数(d)	干燥度	积温(℃·d)			
													≥0 ℃	≥5 ℃	≥10 ℃	≥15 ℃
18	海原	7.1	309.6	2565.7	59	10.6	2.2	1619.9	1117.4	143	200	1.3	3121.6	2935.0	2504.2	1547.2
19	固原	6.1	372.2	2473.2	57	11.1	2.2	1375.8	1000.3	128	186	1.0	2915.5	2739.8	2337.1	1357.0
20	西吉	5.3	348.2	2144.5	49	12.4	1.7	1232.4	896.7	121	183	1.0	2709.9	2537.7	2037.8	1056.6
21	隆德	5.2	420.4	2169.0	49	10.5	1.4	1130.3	887.1	116	181	0.7	2555.8	2323.4	1798.8	721.6
22	泾源	5.7	555.6	2160.9	49	10.2	2.1	1228.5	915.0	134	188	0.6	2669.0	2415.1	1915.9	760.4
23	彭阳	8.0	530.8	2260.7	53	12.6	1.7	1264.0	963.6	138	201	0.9	3412.0	3176.7	2736.6	1924.3

附表 3　1981—2020 年气候要素气候倾向率

序号	站点	平均温度 (℃/10 a)	降水量 (mm/10 a)	日照时数 (h/10 a)	日照百分率 (%/10 a)	日较差 (℃/10 a)	平均 2 min 风速 [(m/s)/10 a]	蒸发量 (mm/10 a)	潜在蒸散量 ET_0 (mm/10 a)	无霜期日数 (d/10 a)	生长季日数 (d/10 a)	干燥度 (/10 a)	积温(℃・d/10 a)		
													≥0 ℃	≥10 ℃	≥15 ℃
1	石炭井	0.22	8.20	−0.10	−0.01	0.30	0.04	−63.76	10.59	−3.3	1.5	−0.10	80.67	62.86	32.17
2	石嘴山	−0.06	10.71	−0.25	−0.02	0.99	−0.12	−86.91	−30.98	−5.5	−3.1	−0.38	11.32	10.40	1.20
3	惠农	0.56	6.55	−0.03	0.00	−0.08	−0.31	−4.84	1.41	0.5	3.6	−0.18	155.10	154.68	145.72
4	平罗	0.34	7.66	−0.13	−0.01	0.50	0.03	35.78	11.54	0.6	2.5	−0.20	100.30	107.35	81.13
5	陶乐	0.37	12.52	−0.03	0.00	0.15	−0.27	−53.57	−7.21	−0.1	0.1	−0.28	100.00	102.10	63.77
6	贺兰	0.28	8.62	−0.25	−0.02	0.34	−0.30	−28.29	−27.94	2.6	2.6	−0.15	83.00	78.56	48.11
7	银川	0.60	9.25	−0.11	−0.01	−0.12	−0.11	32.87	19.99	7.7	5.1	−0.05	168.55	157.94	161.41
8	灵武	0.37	4.92	−0.05	0.00	0.34	−0.07	66.84	12.93	−2.2	2.8	−0.09	110.68	111.47	75.39
9	永宁	0.75	7.33	0.07	−0.01	−0.08	−0.19	31.63	25.00	8.9	6.9	−0.06	226.02	212.37	244.15
10	青铜峡	0.39	8.11	−0.05	0.00	0.13	−0.15	41.38	8.53	1.4	2.6	−0.09	113.32	103.55	87.43
11	吴忠	0.73	8.31	−0.06	−0.01	−0.15	−0.06	248.35	33.56	8.9	6.6	−0.08	217.97	209.27	234.70
12	中宁	0.62	1.90	−0.11	−0.01	−0.26	−0.40	20.19	−0.96	8.0	5.2	−0.04	178.54	176.48	188.89
13	中卫	0.50	10.25	0.02	0.00	−0.02	0.18	91.76	43.07	5.2	4.1	−0.11	151.97	146.85	146.57
14	韦州	0.44	−0.88	0.04	0.00	−0.19	−0.15	79.39	5.78	3.4	3.9	0.08	121.83	110.91	74.73
15	盐池	0.27	14.12	−0.08	−0.01	0.02	−0.15	−62.60	−8.08	2.9	0.8	−0.10	79.09	78.73	21.03
16	同心	0.41	−3.27	0.01	0.00	−0.11	0.15	86.13	26.49	3.7	2.5	0.05	115.18	124.64	70.13
17	兴仁	0.55	2.36	−0.04	0.00	−0.56	−0.11	43.44	18.63	0.5	4.5	0.04	132.40	133.04	95.91

续表

序号	站点	平均温度(℃/10 a)	降水量(mm/10 a)	日照时数(h/10 a)	日照百分率(%/10 a)	日较差(℃/10 a)	平均2 min风速[(m/s)/10 a]	蒸发量(mm/10 a)	潜在蒸散量ET_0(mm/10 a)	无霜期日数(d/10 a)	生长季日数(d/10 a)	干燥度(/10 a)	积温(℃·d/10 a)		
													≥0 ℃	≥10 ℃	≥15 ℃
18	海原	0.37	23.42	−0.02	0.00	0.08	−0.33	−93.24	−6.62	3.0	3.5	−0.06	112.41	93.13	97.42
19	固原	0.63	25.14	−0.12	−0.01	−0.53	−0.13	−35.22	23.94	7.5	8.0	0.00	156.41	116.89	133.38
20	西吉	0.46	12.77	−0.09	−0.01	0.04	−0.15	−17.88	8.37	1.3	4.1	0.05	121.14	100.52	144.48
21	隆德	0.45	20.16	0.10	0.01	−0.04	−0.13	−74.05	20.21	3.7	4.5	0.00	119.02	90.31	156.89
22	泾源	0.36	40.06	−0.01	0.00	0.34	−0.24	−41.58	11.46	0.4	4.4	−0.02	94.81	43.77	88.06
23	彭阳	0.26	102.74	−0.61	−0.05	−0.69	0.11	−263.05	−17.12	1.6	6.1	−0.23	74.68	78.37	−21.50

附表 4 1981—2020 年生长季、无霜期起始与终止日期

序号	站点	生长季				无霜期			
		平均值		80%保证率		平均值		80%保证率	
		起始日期	终止日期	起始日期	终止日期	起始日期	终止日期	起始日期	终止日期
1	石炭井	3 月 13 日	10 月 3 日	3 月 19 日	9 月 30 日	5 月 3 日	10 月 3 日	5 月 13 日	9 月 30 日
2	石嘴山	3 月 5 日	10 月 7 日	3 月 12 日	10 月 2 日	4 月 26 日	10 月 7 日	5 月 4 日	10 月 2 日
3	惠农	3 月 7 日	10 月 6 日	3 月 14 日	10 月 1 日	4 月 27 日	10 月 6 日	5 月 5 日	10 月 1 日
4	平罗	3 月 6 日	10 月 6 日	3 月 13 日	9 月 28 日	4 月 27 日	10 月 6 日	5 月 5 日	9 月 28 日
5	陶乐	3 月 8 日	10 月 4 日	3 月 14 日	9 月 27 日	4 月 30 日	10 月 4 日	5 月 7 日	9 月 27 日
6	贺兰	3 月 6 日	10 月 7 日	3 月 13 日	10 月 2 日	4 月 25 日	10 月 7 日	5 月 4 日	10 月 2 日
7	银川	3 月 4 日	10 月 10 日	3 月 12 日	10 月 2 日	4 月 23 日	10 月 10 日	5 月 2 日	10 月 2 日
8	灵武	3 月 5 日	10 月 1 日	3 月 12 日	9 月 25 日	5 月 5 日	10 月 1 日	5 月 13 日	9 月 25 日
9	永宁	3 月 2 日	10 月 9 日	3 月 12 日	10 月 3 日	4 月 24 日	10 月 9 日	5 月 3 日	10 月 3 日
10	青铜峡	3 月 4 日	10 月 6 日	3 月 12 日	9 月 27 日	4 月 27 日	10 月 7 日	5 月 4 日	9 月 30 日
11	吴忠	3 月 1 日	10 月 13 日	3 月 12 日	10 月 3 日	4 月 21 日	10 月 13 日	5 月 1 日	10 月 3 日
12	中宁	3 月 1 日	10 月 7 日	3 月 10 日	9 月 30 日	4 月 22 日	10 月 7 日	5 月 2 日	9 月 30 日
13	中卫	3 月 4 日	10 月 5 日	3 月 12 日	9 月 28 日	4 月 26 日	10 月 5 日	5 月 5 日	9 月 28 日
14	韦洲	3 月 4 日	10 月 5 日	3 月 12 日	9 月 28 日	4 月 28 日	10 月 5 日	5 月 6 日	9 月 28 日
15	盐池	3 月 8 日	10 月 2 日	3 月 16 日	9 月 27 日	5 月 6 日	10 月 2 日	5 月 13 日	9 月 25 日
16	同心	3 月 4 日	10 月 9 日	3 月 11 日	10 月 3 日	4 月 25 日	10 月 9 日	5 月 5 日	10 月 3 日
17	兴仁	3 月 13 日	9 月 30 日	3 月 19 日	9 月 23 日	5 月 11 日	9 月 30 日	5 月 17 日	9 月 23 日

续表

序号	站点	生长季				无霜期			
		平均值		80%保证率		平均值		80%保证率	
		起始日期	终止日期	起始日期	终止日期	起始日期	终止日期	起始日期	终止日期
18	海原	3月13日	10月6日	3月22日	9月30日	5月5日	10月6日	5月14日	9月30日
19	固原	3月15日	10月1日	3月24日	9月23日	5月11日	10月1日	5月21日	9月23日
20	西吉	3月16日	9月26日	3月24日	9月18日	5月20日	9月26日	5月24日	9月18日
21	隆德	3月17日	9月28日	3月26日	9月18日	5月24日	9月28日	6月2日	9月18日
22	泾源	3月17日	10月2日	3月26日	9月27日	5月13日	10月2日	5月21日	9月26日
23	彭阳	3月7日	10月2日	3月12日	9月21日	5月11日	10月2日	5月18日	9月21日

附表 5　1981—2020 年积温起始与终止日期

序号	站点	≥0 ℃积温				≥5 ℃积温			
		平均值		80%保证率		平均值		80%保证率	
		起始日期	终止日期	起始日期	终止日期	起始日期	终止日期	起始日期	终止日期
1	石炭井	3 月 13 日	11 月 10 日	3 月 19 日	11 月 5 日	4 月 1 日	10 月 22 日	4 月 10 日	10 月 15 日
2	石嘴山	3 月 5 日	11 月 15 日	3 月 12 日	11 月 9 日	3 月 22 日	10 月 26 日	3 月 29 日	10 月 22 日
3	惠农	3 月 7 日	11 月 14 日	3 月 14 日	11 月 8 日	3 月 25 日	10 月 28 日	4 月 1 日	10 月 23 日
4	平罗	3 月 6 日	11 月 15 日	3 月 13 日	11 月 8 日	3 月 25 日	10 月 26 日	3 月 31 日	10 月 20 日
5	陶乐	3 月 8 日	11 月 12 日	3 月 14 日	11 月 6 日	3 月 27 日	10 月 25 日	4 月 5 日	10 月 20 日
6	贺兰	3 月 6 日	11 月 15 日	3 月 13 日	11 月 11 日	3 月 24 日	10 月 28 日	3 月 29 日	10 月 23 日
7	银川	3 月 4 日	11 月 17 日	3 月 12 日	11 月 13 日	3 月 23 日	10 月 29 日	3 月 29 日	10 月 23 日
8	灵武	3 月 5 日	11 月 15 日	3 月 12 日	11 月 10 日	3 月 25 日	10 月 25 日	3 月 29 日	10 月 20 日
9	永宁	3 月 2 日	11 月 18 日	3 月 12 日	11 月 13 日	3 月 22 日	10 月 29 日	3 月 29 日	10 月 23 日
10	青铜峡	3 月 4 日	11 月 18 日	3 月 12 日	11 月 13 日	3 月 22 日	10 月 30 日	3 月 29 日	10 月 23 日
11	吴忠	3 月 1 日	11 月 19 日	3 月 12 日	11 月 13 日	3 月 21 日	10 月 31 日	3 月 27 日	10 月 23 日
12	中宁	3 月 1 日	11 月 19 日	3 月 10 日	11 月 13 日	3 月 18 日	10 月 30 日	3 月 26 日	10 月 23 日
13	中卫	3 月 4 日	11 月 17 日	3 月 12 日	11 月 11 日	3 月 21 日	10 月 28 日	3 月 27 日	10 月 23 日
14	韦洲	3 月 4 日	11 月 17 日	3 月 12 日	11 月 11 日	3 月 25 日	10 月 28 日	4 月 2 日	10 月 22 日
15	盐池	3 月 8 日	11 月 13 日	3 月 16 日	11 月 6 日	3 月 30 日	10 月 25 日	4 月 9 日	10 月 20 日
16	同心	3 月 4 日	11 月 17 日	3 月 11 日	11 月 11 日	3 月 22 日	10 月 29 日	3 月 28 日	10 月 23 日
17	兴仁	3 月 13 日	11 月 10 日	3 月 19 日	11 月 5 日	4 月 3 日	10 月 21 日	4 月 12 日	10 月 14 日

续表

序号	站点	≥0 ℃积温				≥5 ℃积温			
		平均值		80%保证率		平均值		80%保证率	
		起始日期	终止日期	起始日期	终止日期	起始日期	终止日期	起始日期	终止日期
18	海原	3月13日	11月15日	3月22日	11月6日	4月5日	10月22日	4月13日	10月14日
19	固原	3月15日	11月14日	3月24日	11月6日	4月6日	10月21日	4月15日	10月14日
20	西吉	3月16日	11月10日	3月24日	11月4日	4月11日	10月17日	4月15日	10月10日
21	隆德	3月17日	11月9日	3月26日	11月3日	4月14日	10月15日	4月24日	10月10日
22	泾源	3月17日	11月13日	3月26日	11月6日	4月12日	10月16日	4月24日	10月10日
23	彭阳	3月7日	11月17日	3月12日	11月14日	3月28日	10月26日	4月6日	10月23日

序号	站点	≥10 ℃积温				≥15 ℃积温			
		平均值		80%保证率		平均值		80%保证率	
		起始日期	终止日期	起始日期	终止日期	起始日期	终止日期	起始日期	终止日期
1	石炭井	4月1日	10月22日	5月3日	9月29日	4月1日	10月22日	5月24日	9月6日
2	石嘴山	3月22日	10月26日	4月16日	10月4日	3月22日	10月26日	5月15日	9月14日
3	惠农	3月25日	10月28日	4月24日	10月3日	3月25日	10月28日	5月17日	9月14日
4	平罗	3月25日	10月26日	4月24日	10月2日	3月25日	10月26日	5月17日	9月13日
5	陶乐	3月27日	10月25日	4月24日	10月3日	3月27日	10月25日	5月17日	9月14日
6	贺兰	3月24日	10月28日	4月22日	10月4日	3月24日	10月28日	5月17日	9月14日
7	银川	3月23日	10月29日	4月22日	10月3日	3月23日	10月29日	5月16日	9月14日
8	灵武	3月25日	10月25日	4月21日	9月30日	3月25日	10月25日	5月17日	9月10日
9	永宁	3月22日	10月29日	4月24日	10月3日	3月22日	10月29日	5月17日	9月11日
10	青铜峡	3月22日	10月30日	4月21日	10月3日	3月22日	10月30日	5月16日	9月12日

续表

序号	站点	≥10 ℃积温				≥15 ℃积温			
		平均值		80%保证率		平均值		80%保证率	
		起始日期	终止日期	起始日期	终止日期	起始日期	终止日期	起始日期	终止日期
11	吴忠	3月21日	10月31日	4月18日	10月3日	3月21日	10月31日	5月16日	9月14日
12	中宁	3月18日	10月30日	4月16日	10月3日	3月18日	10月30日	5月17日	9月11日
13	中卫	3月21日	10月28日	4月21日	10月2日	3月21日	10月28日	5月19日	9月8日
14	韦洲	3月25日	10月28日	4月26日	10月2日	3月25日	10月28日	5月21日	9月6日
15	盐池	3月30日	10月25日	4月28日	9月29日	3月30日	10月25日	5月23日	9月5日
16	同心	3月22日	10月29日	4月24日	10月3日	3月22日	10月29日	5月19日	9月10日
17	兴仁	4月3日	10月21日	5月5日	9月24日	4月3日	10月21日	6月1日	8月30日
18	海原	4月5日	10月22日	5月9日	9月23日	4月5日	10月22日	6月8日	8月23日
19	固原	4月6日	10月21日	5月10日	9月22日	4月6日	10月21日	6月11日	8月21日
20	西吉	4月11日	10月17日	5月17日	9月16日	4月11日	10月17日	6月17日	8月18日
21	隆德	4月14日	10月15日	5月24日	9月14日	4月14日	10月15日	7月1日	8月11日
22	泾源	4月12日	10月16日	5月20日	9月12日	4月12日	10月16日	7月1日	8月12日
23	彭阳	3月28日	10月26日	4月28日	9月27日	3月28日	10月26日	5月26日	9月1日

附表 6　1981—2020 年各站气候资源极大值与极小值

序号	站点	年平均气温(℃)				年降水量(mm)				年日照时数(h)				年平均日照百分率(%)				年平均日较差(℃)			
		年份	极大值	年份	极小值	年份	极大值	年份	极小值	年份	极大值	年份	极小值	年份	极大值	年份	极小值	年份	极大值	年份	极小值
1	石炭井	1998	9.9	1984	7.1	2018	290.5	1981	106.6	1982	3357.6	2003	2784.7	1982	78	1992	63	2013	12.6	1989	11.0
2	石嘴山	1998	11.7	2012	8.7	2018	344.6	1982	68.1	1981	3142.7	2020	2583.8	1982	72	2020	57	2020	15.6	1989	11.3
3	惠农	2017	11.0	1984	7.9	1998	269.2	1981	63.1	2017	3245.8	2007	2700.6	2017	75	2007	60	1997	14.4	1989	12.1
4	平罗	2006	11.1	1984	7.7	2018	301.9	1982	90.7	1999	3346.6	2009	2709.1	1999	76	2009	61	2013	14.5	2007	11.9
5	陶乐	1998	10.3	1984	7.4	2018	282.6	2005	82.9	2020	3593.2	2014	2714.4	2020	83	2018	61	2013	15.0	1989	12.5
6	贺兰	1998	10.9	1984	7.9	2012	311.6	2005	72.6	1987	3211.3	2011	2641.0	1987	74	2011	60	2013	14.2	1989	11.7
7	银川	2013	11.3	1984	7.8	2002	303.6	2005	74.9	1990	3034.3	2007	2529.8	1990	70	2007	57	1997	13.7	1989	11.5
8	灵武	1998	10.6	1984	7.8	1992	321.5	2005	80.4	1997	3264.6	2011	2700.2	2015	74	2007	63	2020	15.6	1989	12.9
9	永宁	2007	11.5	1984	7.9	1992	294.6	2005	83.4	1990	3137.3	2009	2670.2	1990	73	2006	60	1997	14.1	1989	11.8
10	青铜峡	2006	11.2	1984	8.1	2012	320.1	2005	59.8	1997	3401.9	2019	2519.7	1997	77	2020	58	2017	13.9	2002	11.7
11	吴忠	2013	11.8	1984	8.2	1990	331.8	2005	64.8	1997	3351.2	2019	2614.7	1997	76	2019	60	1997	13.5	2011	11.5
12	中宁	2013	11.8	1984	8.4	1985	335.5	2005	78.5	1997	3219.7	2020	2577.2	1997	73	2020	58	1997	14.4	2011	11.8
13	中卫	2013	10.7	1984	7.9	2003	283.4	2005	56.8	1997	3287.1	1992	2674.8	1997	75	1992	59	1997	15.2	1989	12.8
14	韦州	2006	10.8	1984	8.0	1985	485.4	2005	137.1	2005	3129.6	2019	2630.6	2005	72	2018	59	1997	13.7	2011	11.7
15	盐池	1998	10.0	1984	7.2	2011	402.8	2000	160.4	2020	3252.8	2019	2479.6	2020	76	2019	58	2004	16.3	1989	12.3
16	同心	2016	10.9	1984	8.1	1985	477.8	2005	119.4	2004	3208.6	2020	2582.1	2010	73	1992	57	2004	14.6	1989	12.2
17	兴仁	2015	8.9	1984	5.8	1985	383.3	1982	116.0	1997	3276.1	2019	2596.1	1997	74	2020	59	1987	15.5	2011	12.8
18	海原	2006	9.0	1984	6.2	1985	587.6	1987	194.5	2004	3002.6	2018	2342.5	2004	68	2018	52	2004	11.5	1989	9.6

续表

序号	站点	年平均气温(℃)				年降水量(mm)				年日照时数(h)				年平均日照百分率(%)				年平均日较差(℃)			
		年份	极大值	年份	极小值	年份	极大值	年份	极小值	年份	极大值	年份	极小值	年份	极大值	年份	极小值	年份	极大值	年份	极小值
19	固原	2013	8.6	1984	5.3	2013	709.5	1982	282.1	1995	2770.6	2020	2189.4	2014	64	2020	49	1991	13.4	2020	9.6
20	西吉	2006	7.2	1984	4.5	2018	639.1	2009	255.4	2002	2541.4	2019	2020.4	1996	59	1989	47	1997	13.8	1989	11.0
21	隆德	2016	7.0	1984	4.3	2013	766.0	1982	320.9	2020	2704.6	1989	1878.9	2000	62	1989	44	2002	12.1	1989	9.7
22	泾源	2013	7.7	1984	4.9	2019	1019.8	1997	371.9	2020	2806.6	1989	1902.3	2020	68	1992	43	1997	11.4	1989	9.5
23	彭阳	2016	9.0	2012	7.5	2019	756.9	2007	314.5	2004	2746.9	2020	1974.9	2004	61	2020	43	2004	14.8	2011	12.3

序号	站点	无霜期日数(d)				生长季日数(d)			
		年份	极大值	年份	极小值	年份	极大值	年份	极小值
1	石炭井	1998/2015	170	2012	135	1998	240	1996	185
2	石嘴山	2001	200	2011	133	1995	249	2011	190
3	惠农	2016/2019	182	1995	136	1998	245	1995/2011	190
4	平罗	2001/2009	195	2019	139	2007	251	1986	196
5	陶乐	2006	181	1982	135	1998	245	1986	185
6	贺兰	2007	188	1982	136	1998	245	1986	195
7	银川	2016	206	1982	136	2014	254	1986	195
8	灵武	1998	172	2010/2012	135	1998	246	2006	178
9	永宁	2009	208	1982	136	2009	275	1986	195
10	青铜峡	2006	201	1982	136	1998	251	1986	185
11	吴忠	2009	209	1982	136	2009	270	1986	197
12	中宁	2016/2019	206	1982	135	2009	257	1994	198
13	中卫	2016	191	1982	136	2019/2020	237	1995	190

续表

序号	站点	无霜期日数(d)				生长季日数(d)			
		年份	极大值	年份	极小值	年份	极大值	年份	极小值
14	韦州	2019	185	1982	135	2009	252	1986	187
15	盐池	1998	173	2004	112	1998	247	2006	174
16	同心	2016	206	1982	136	1990	238	1995	191
17	兴仁	2019	181	1997	110	2019	228	1986	179
18	海原	2009	188	2012	123	2013	235	2011	176
19	固原	2019	183	1997	110	2013	234	1991	171
20	西吉	2005	153	1997	98	2019	223	1991	170
21	隆德	1987	159	1993/1985	98	2013	224	1993	169
22	泾源	1999	169	1997	110	2013	234	1991	170
23	彭阳	1999	161	2006	117	2020	237	2006	178

序号	站点	平均10 min风速(m/s)				水面蒸发量(mm)				潜在蒸散量 ET_0(mm)				干燥度			
		年份	极大值	年份	极小值	年份	极大值	年份	极小值	年份	极大值	年份	极小值	年份	极大值	年份	极小值
1	石炭井	2009	5.0	2007	2.3	1987	2874.5	2012	2147.9	1982	1404.9	1996	1225.5	2015	6.5	2018	1.9
2	石嘴山	2006	2.1	2009	1.0	1982	2439.8	1985	1904.1	1997	1291.8	2019	1102.3	1982	9.4	2018	1.8
3	惠农	2003	2.4	2009	0.2	1982	2398.7	1988	1939.7	1997	1367.6	1985	1173.2	1981	9.4	1995	2.0
4	平罗	2010	2.4	2009	1.5	2010	1904.0	1989	1547.4	2006	1300.6	1981	1126.1	1982	8.4	2018	2.0
5	陶乐	2015	1.9	2009	1.0	1982	2199.4	1986	1453.7	1999	1306.8	2012	1120.0	1991	7.4	1988	2.2
6	贺兰	2009	3.2	2017	0.8	1997	1885.9	2012	1369.7	1999	1273.2	2019	1044.7	2005	8.8	2012	2.0
7	银川	2005	2.4	2009	1.4	1982	1806.0	1992	1413.6	2006	1264.1	1989	1075.8	2005	8.6	1992	2.1
8	灵武	2009	3.1	2014	2.1	1997	1971.5	1988	1504.7	1999	1272.0	1989	1090.6	2005	9.2	1992	1.9

续表

序号	站点	平均 10 min 风速(m/s)				水面蒸发量(mm)				潜在蒸散量 ET_0(mm)				干燥度			
		年份	极大值	年份	极小值	年份	极大值	年份	极小值	年份	极大值	年份	极小值	年份	极大值	年份	极小值
9	永宁	2009	4.4	2014	1.4	2004	1967.8	1989	1470.1	2004	1285.9	1989	1081.0	1982	9.2	1992	2.1
10	青铜峡	2009	3.5	2020	1.5	2006	2155.1	1990	1472.5	1997	1358.9	2019	1091.3	2005	12.5	2012	1.9
11	吴忠	2007	2.5	2013	1.4	2001	2129.3	1989	1593.3	1999	1343.6	1983	1065.2	2005	12.8	1990	2.2
12	中宁	2003	2.7	2009	1.7	1981	2130.8	1988	1663.9	1997	1387.0	1988	1174.9	2005	9.9	1985	1.9
13	中卫	2006	2.6	2009	1.9	1997	2075.8	1989	1542.0	2006	1283.6	1992	1067.5	2005	13.7	1995	2.1
14	韦州	2009	3.3	2014	2.2	2006	2893.4	1985	2098.5	1987	1377.9	1989	1163.5	2005	4.6	1996	1.1
15	盐池	2009	4.1	2011	1.8	1987	2301.9	1996	1752.5	1997	1294.8	1988	1101.5	1982	4.5	1994	1.3
16	同心	2016	3.3	2009	1.2	2000	2502.9	1992	1915.8	2016	1385.4	1985	1165.6	1982	6.2	1985	1.3
17	兴仁	2009	3.3	2007	2.5	1982	2375.4	1989	1830.7	1997	1310.7	1985	1106.6	1982	5.2	1985	1.3
18	海原	2009	2.7	2012	1.9	1982	2302.9	1992	1471.2	1987	1279.1	2011	1056.2	1987	3.1	1985	0.9
19	固原	2020	3.1	2009	1.6	1982	1739.5	1989	1226.5	2006	1110.3	1989	915.3	2015	2.0	2013	0.7
20	西吉	2003	1.8	2009	1.2	1982	1599.7	1992	1126.8	2006	997.3	1989	842.2	2016	2.5	2018	0.8
21	隆德	2004	1.9	2015	1.3	1997	1476.4	2012	860.3	2020	1014.2	1984	820.2	1982	1.6	1984	0.5
22	泾源	2018	3.0	2013	1.8	1997	1688.3	2012	1083.2	2020	1045.7	1989	814.0	1997	1.5	2019	0.4
23	彭阳	2016	2.1	2007	1.5	2000	1673.0	2012	1231.1	2006	1058.2	2020	921.9	2007	2.5	2019	0.8

附表 7　1981—2020 年各站气候资源最大值与最小值

气象指标		最大值				最小值			
		站号	站名	年份	值	站号	站名	年份	值
年平均气温(℃)		53612	吴忠	2013	11.8	53914	隆德	1984	4.3
降水量(mm)		53916	泾源	2019	1019.8	53704	中卫	2003	56.8
日照时数(h)		53615	陶乐	2020	3593.2	53914	隆德	1989	1878.9
平均日较差(℃)		53723	盐池	2004	16.35	53916	泾源	1989	9.5
潜在蒸发量 ET_0(mm)		53517	石炭井	1982	1404.9	53916	泾源	1989	814.0
水面蒸发量(mm)		53881	韦州	2006	2893.4	53914	隆德	2012	860.3
生长季日数(d)		53618	永宁	2009	275	53914	隆德	1993	169
无霜期日数(d)		53612	吴忠	2009	209	53903	西吉	1997	98
						53914	隆德	1993/1985	98
≥0℃	积温日数(d)	53705	中宁	1998	300	53914	隆德	1987	206
	积温(℃·d)	53618	永宁	2008	4631.9	53914	隆德	1984	2472.2
≥5℃	积温日数(d)	53705	中宁	2019	255	53916	泾源	1983/2003	161
	积温(℃·d)	53618	永宁	2008	4583.9	53914	隆德	2003	2200.3
≥10℃	积温日数(d)	53618	永宁	2009	209	53916	泾源	2019	106
	积温(℃·d)	53618	永宁	2009	4205	53914	隆德	1984	1678.2
≥15℃	积温日数(d)	53612	吴忠	2016	168	53914	隆德	1986	19
		53705	中宁	2016	168				
	积温(℃·d)	53518	石嘴山	2000	3613.2	53914	隆德	1986	301.4

续表

气象指标	最大值				最小值			
	站号	站名	年份	值	站号	站名	年份	值
干燥度	53704	中卫	2005	13.7	53916	泾源	2019	0.4
大风日数(d)	53519	惠农	1996	67	53610	贺兰	2009/2016	1
平均相对湿度(%)	53903	西吉	1989	71.5	53517	石炭井	2013	36.5
平均 10 min 风速(m/s)	53517	石炭井	2009	5	53519	惠农	2009	0.2
平均 2 min 风速(m/s)	53916	泾源	1995	3.8	53610	贺兰	2017	0.8
平均极大风速(m/s)	53519	惠农	1996	12.1	53610	贺兰	2014	4.7

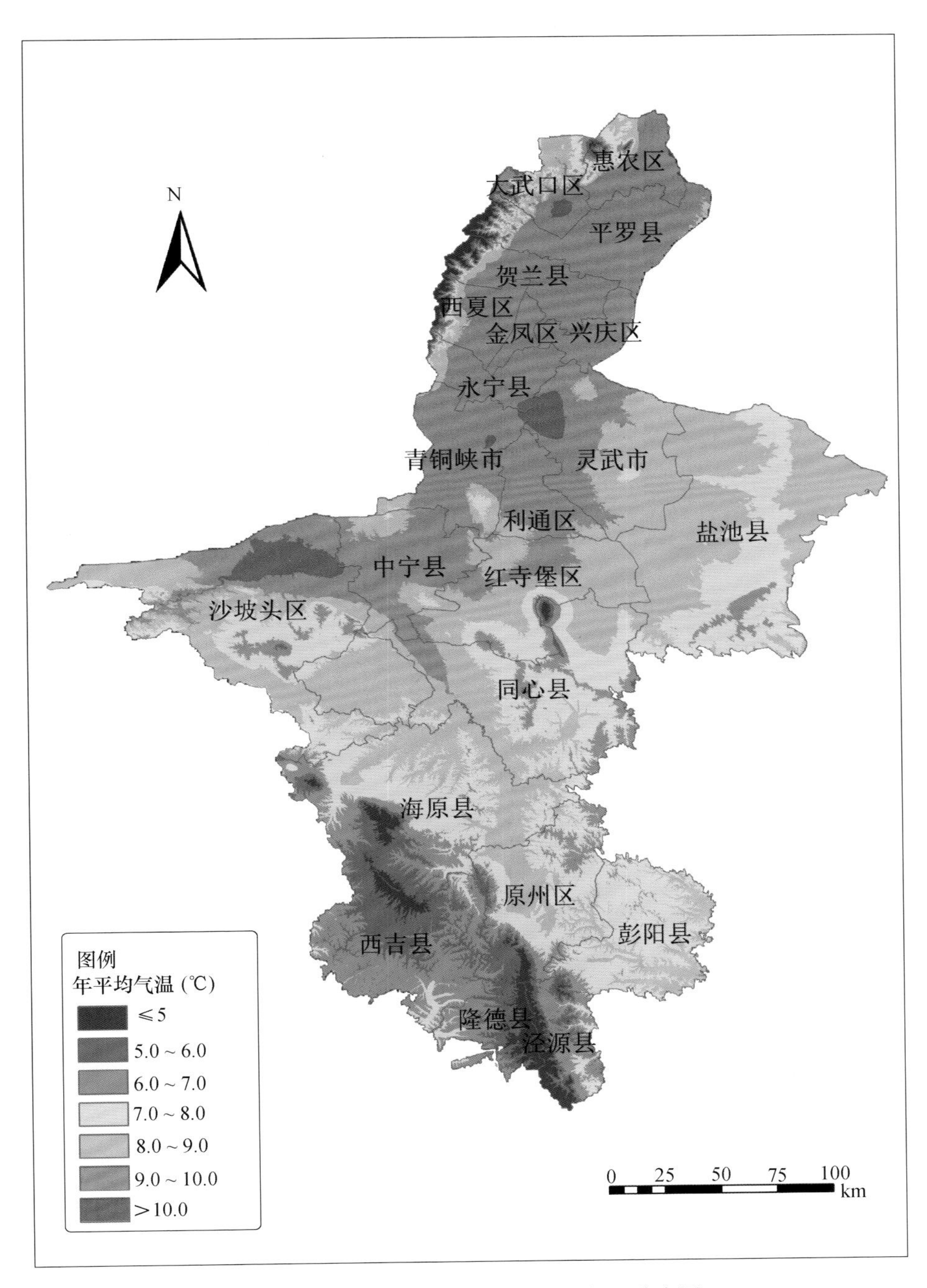

附图 1　1981—2020 年宁夏年平均气温分布图

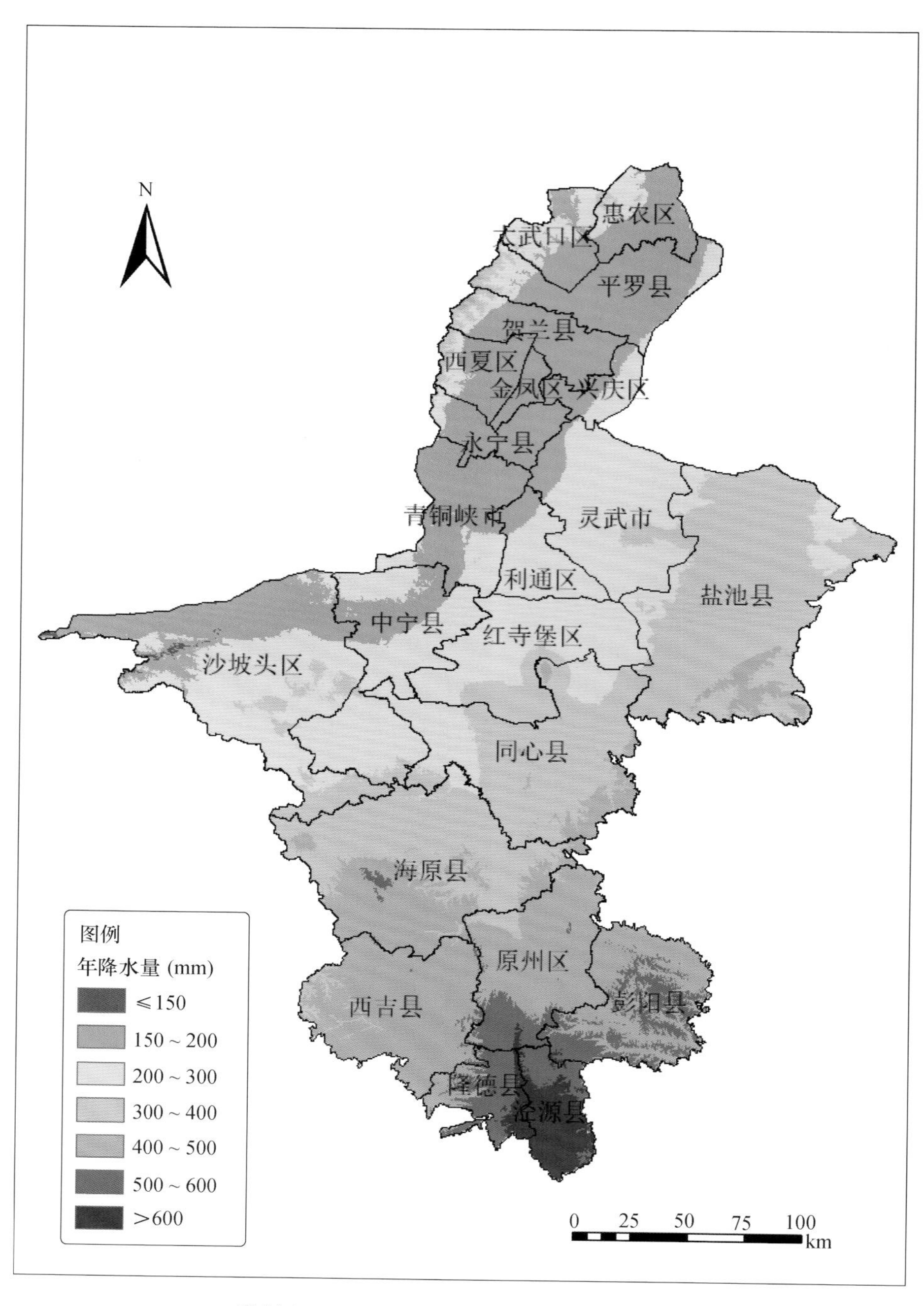

附图 2　1981—2020 年宁夏年降水量分布图

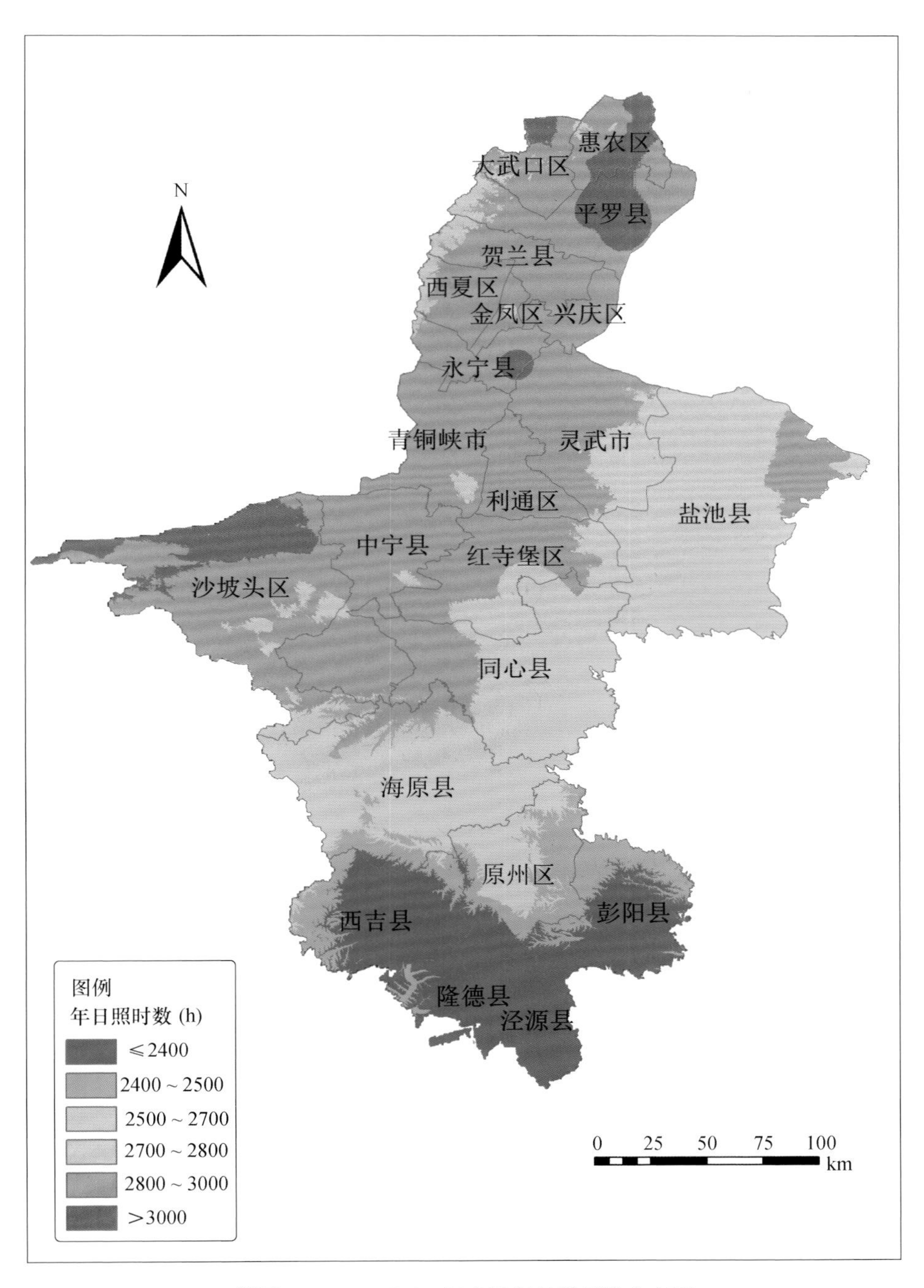

附图 3 1981—2020 年宁夏年日照时数分布图

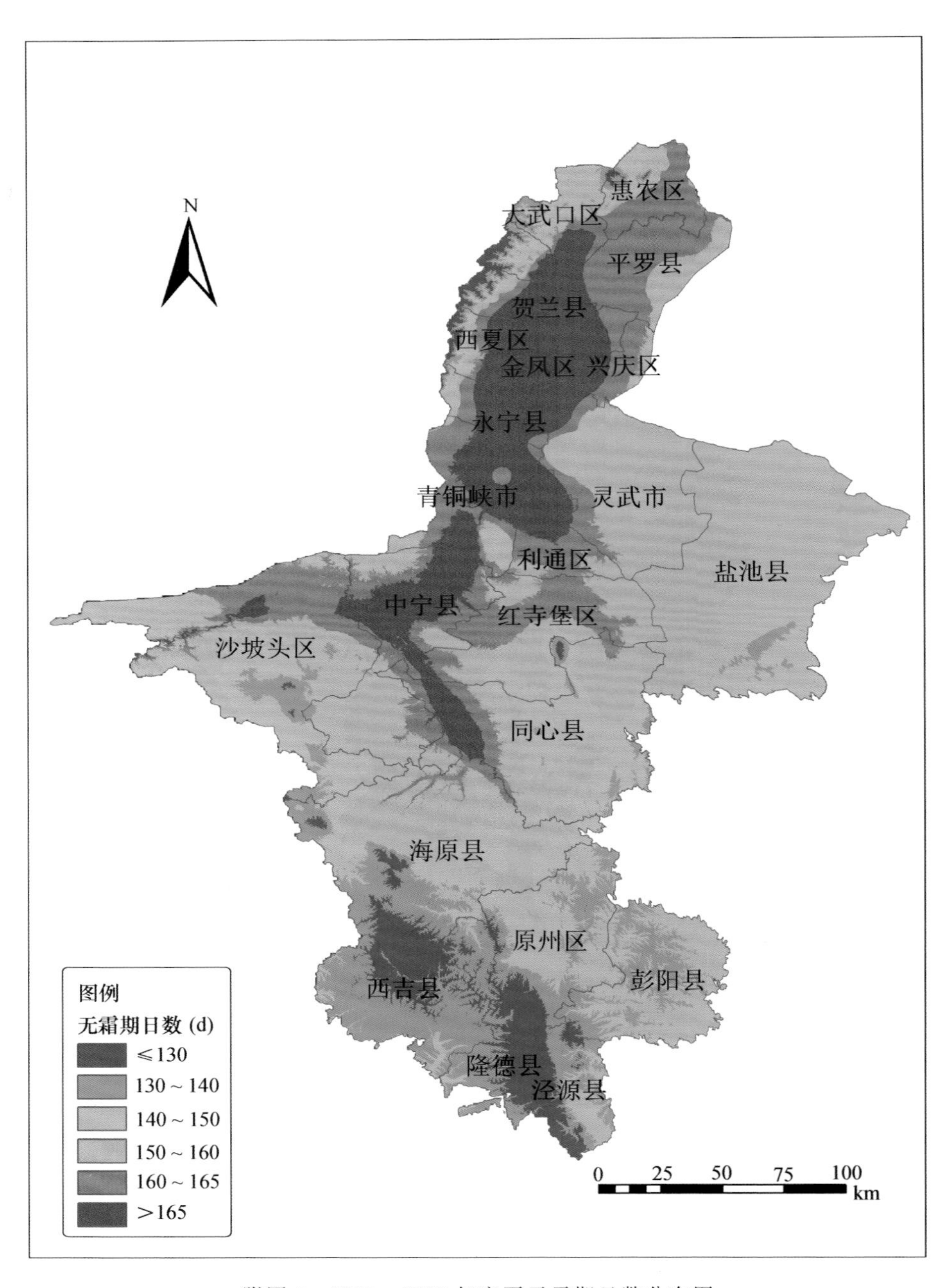

附图 4　1981—2020 年宁夏无霜期日数分布图

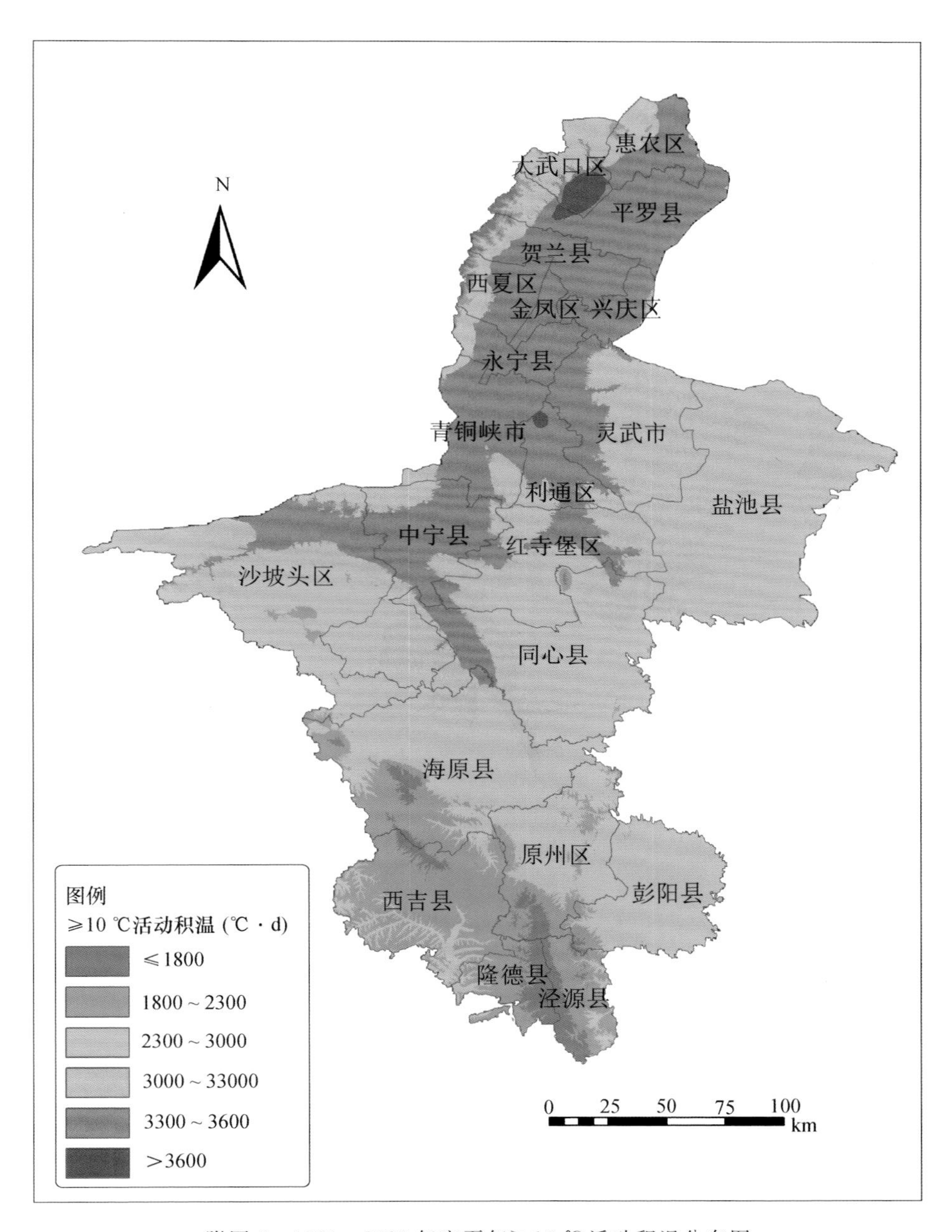

附图 5　1981—2020 年宁夏年≥10 ℃活动积温分布图

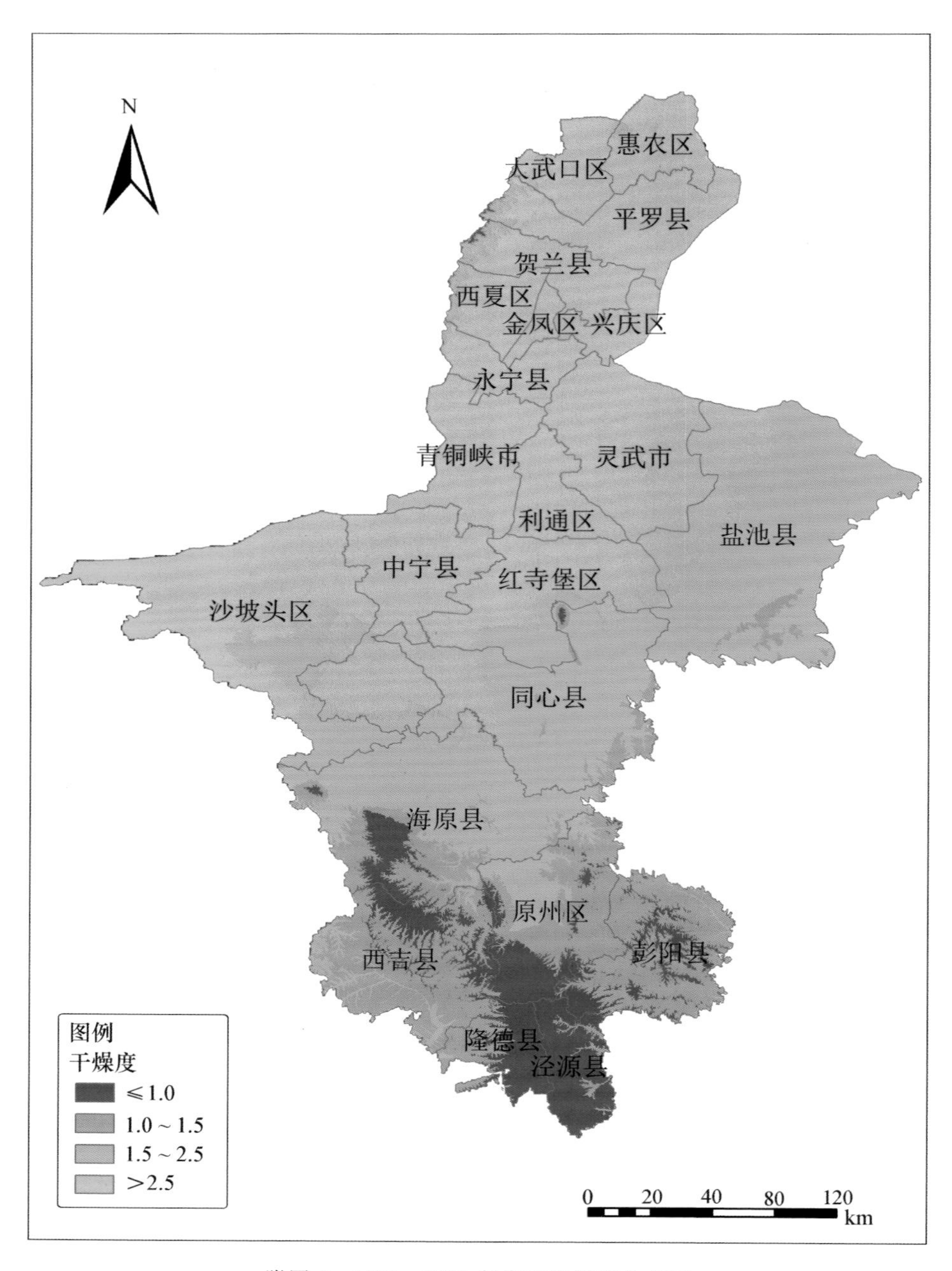

附图 6　1981—2020 年宁夏干燥度分布图